コンピュータビジョン

CV

Autumn
2022

# 3次元の世界を表現する技術

巻頭言：米谷　竜
イマドキノ Neural Fields：瀧川永遠希
フカヨミ 非グリッド特徴を用いた画像認識：濱口竜平
フカヨミ 一般化ドメイン適応：三鼓　悠
フカヨミ バックボーンモデル：内田祐介
ニュウモン 微分可能レンダリング：加藤大晴
えーあい＊けんきゅうしつ：@bravery_

共立出版

コンピュータビジョン最前線

CV

Autumn
2022

# C o n t e n t s

# 研究はうまくいかない？
## ——困難な研究をゴールに繋げる秘訣とは

■米谷竜

　それにしても研究はうまくいかないものである。夜更かしして書いたコードはバグで動かないし，ようやく回り出した学習は朝起きるとオーバーフィットしている。サーベイをすれば，自分のアイデアに似通った研究が大量に見つかって，さらにその多くは実装が公開されていないか，公開されていてもドキュメントが不十分であったり論文中の結果が再現できなかったりして，手もとのコードベースに取り込むために多大な労力を要することになる。ようやく自分の提案手法と既存手法を比較できるようになったあとも，ハイパーパラメータを少し変えると既存手法がめきめき強くなったり，提案手法のバグを取り除くと一気に性能が落ちたり，経過に一喜一憂する日々が続く。そうして絞り出した結果を論文にしようとした段階で，つい最近 arXiv にほぼ同じ内容のプレプリントが公開されていることに気づくのである[1]。Twitter には日々華やかな結果が投稿されているのに，なぜ自分の研究はこんなにうまくいかないのであろうか？

　どうやら世の中には大量の「すでにうまくいくことがわかっているアイデア」と「やってみないとうまくいくかわからないアイデア」があり，後者の中にほんの少しだけ「とても頑張ればうまくいくアイデア」があるように見える。われわれは日々の研究活動の中で，筋が良く，かつ未発表のアイデアを見つけ，そのアイデアを具体的な理論や技術にするための試行錯誤をする必要がある。そして，その結果を論文という形に昇華できたときに，晴れて Twitter で華やかな結果を宣伝できるのである。しかしこれが，実に難しい。なぜならば，筋の良いアイデアは世界中で取り合いの的になっており，「何が未発表であるか」は刻々と変化するからである。

　「どうすればトップカンファレンスに論文が採録されるか？」という問いがある。もちろん，手もとの研究で良い結果が出ており，それが説得力のある論文の形で表されていれば，採録の可能性はぐんと高くなる。しかし，論文の採否には査読者の当たり外れといった時の運も絡むため，結局のところ「採録されるまであきらめずに投稿し続ける」というのが一般的なアドバイスだろう。実際，世の中を見渡しても採録まで数年という論文は珍しくないし，個人的にも

[1] これらは著者の体験談であるが，同じような経験をされた方も多いのではないだろうか？

このアドバイスは妥当だと思うが，1つだけ但し書きを付け加える必要がある──「ただし，他の研究グループが同様の内容を論文化する前に」採録を目指して日々の試行錯誤に取り組む必要がある。他に先を越されて新規性を失ってしまった研究は，残念ながら自身のキャリアにおいて無力である。もちろん，その研究に費やした試行錯誤は自身の力となり，将来的に何らかの役に立つだろう。また，先を越した人は，自分の解きたかった問題の答えを教えてくれたのだし，それによってコミュニティも前進したというポジティブな見方もある。しかしながら，これだけ頑張っているのに結果を論文にできないという経験の積み重ねが，「研究がうまくいかない」「業績が思うように増えない」「この先やっていけるのだろうか」という不安や挫折に繋がりうることは，否定できない。

　別の例を紹介したい。著者が学生時代にインターンシップで大変お世話になった坂野鋭先生（当時は NTT コミュニケーション科学基礎研究所，現在は島根大学教授）が書かれた「怪奇 !! 次元の呪い」[1] という解説記事がある。その冒頭で，学生 S 君は修士論文のための研究として，手書き文字認識に取り組む。さまざまな特徴抽出を使ってみたり，何も考えずにニューラルネットの学習を試して[2] 過学習に悩まされたりした後，最終的にはカーネル SVM のパラメータチューニングで撃沈する。この記事の主題は次元の呪いであったが，別の教訓も得られる。すなわち，アイデアの試行錯誤は S 君のように場当たり的にやると，際限なく時間が融けていく。広く深い学問の海にたゆたうことは楽しく有意義でもあるが，学位論文に割くことができる時間やお金は，一般に有限である。

　目指すところがトップカンファレンスであろうと学位であろうと，研究をうまくやるための秘訣は，限られた時間の中で効果的にアイデアの試行錯誤を繰り返すことであるように思う。より具体的には，関連分野の基礎から最先端を把握し，手もとのアイデアの長所と短所を理解した上で，できる限り有効な次の一手を試行することが重要である。個別の論文をゴールとした短期的な研究だけではなく，より長期的な研究プロジェクトの遂行，あるいはコンペティションや開発の場面においても，同様のことがいえるかもしれない。

　さて，「コンピュータビジョン最前線」シリーズは，効果的な試行錯誤を行うための頼もしいガイドだ。4回目の出版となる本書では，まず，現在コンピュータビジョン分野で最も競争が激化しているトピックの1つであるニューラルフィールドについて，エキスパートである瀧川永遠希氏（NVIDIA Research / University of Toronto）に，基礎的な考え方から最近のアプローチまでを紹介していただく。また，本書後半のニュウモン記事では，ニューラルフィールドを含む3次元シーンの表現・認識において重要な役割を果たす微分可能レンダリングについて，黎明期からこの技術に取り組まれている加藤大晴氏（Preferred

[2] この記事が書かれた 2002 年から 20 年経った現在，「とりあえずニューラルネットを試す」というアプローチが改めて広く受け入れられていることは面白い。

Networks, Inc.）に，解説をお願いした。さらに，フカヨミ記事では，最近の
ユニークな取り組みである非グリッドを対象とした畳み込み演算について濱口
竜平氏（産業技術総合研究所）に，またコンピュータビジョン分野で多様な派
生問題が研究されているドメイン適応の一種である一般化ドメイン適応に関し
て三鼓悠氏（日本電信電話株式会社）に，そして，現在流行の真っ只中にある
Vision Transformer をバックボーンモデルとして利用する手法について内田祐
介氏（株式会社 Mobility Technologies）に，それぞれ深い解説を寄稿いただい
ている。

　これらはいずれも，各トピックに対してこれまでどのような試行錯誤が行わ
れており，何がわかっていて何がまだわかっていないのか，あるいは手もとの
課題に対して最も有効な次の一手は何かについて，読者に最新の知識を与えて
くれるものである。本書を助けに，なかなかうまくいかないと思われがちな研
究という活動に対して，より多くの方々が安心と魅力を感じるようになってい
ただければ幸いである。

## 参考文献

[1] 坂野鋭, 山田敬嗣. 「怪奇 !! 次元の呪い——識別問題, パターン認識, データマイニング
　　の初心者のために（前編）」. 情報処理, Vol. 43, No. 5, pp. 562–567, 2002.

よねたに りょう（オムロンサイニックエックス）

# イマドキノ Neural Fields
## 3次元, 4次元, N次元ビジョンの信号表現のパラダイムシフト!?

■瀧川永遠希

近年のコンピュータビジョン, コンピュータグラフィックス界隈では, Neural Fields [1] なるものが多大な注目を集めている。Neural Fields は従来の格子 (grid)[1] やメッシュなどに置き換わる信号表現 (signal representation) であり, 多種多様な分野で注目・応用されている。2022 年現在はそのほとんどがまだ研究の域を出ていないが, Instant-NGP [2] や Block-NeRF [3] などを代表に, 社会実装が真剣に検討されている技術も存在する。研究対象としてのこの分野の盛り上がりようは, 図1 を見るとわかりやすい。DeepSDF [4] や Neural Radiance Fields (NeRF) [5] などの論文の登場を境目に, この分野の論文数が指数的に伸びている。Neural Fields 自体は, 遡ると 1990 年代から存在するアイデアであり, ここ数年で飛躍的に再注目されている理由は, GPU (graphics processing unit) の進化や微分可能プログラミング (differentiable programming) のソフトウェア[2] の普及といった, Neural Fields を利用する上での前提条件の変化が大きいと思われる。

[1] 画像, 動画, ボクセルなどに代表される。

[2] Chainer, TensorFlow, Py-Torch, JAX などに代表される。

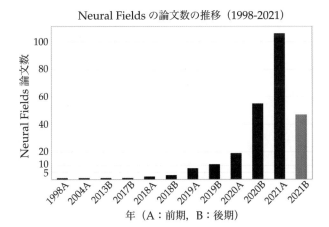

図1　年単位の Neural Fields 論文の数の推移。DeepSDF [4] が登場した 2019 年あたりを境目に, 指数的に伸びていることがわかる。図は [1] より引用し翻訳した。この図が作られたのは 2021 年後半の中途であり, 現在では論文数がさらに伸びていると思われる。

本稿では Neural Fields を取り扱う。特に，「なぜ Neural Fields はこのような盛り上がりを見せているのか？」「従来の信号表現に比べて Neural Fields は何が面白いのか？」などの問いについて，技術的な視点からできる限りわかりやすく解説する。具体的には，最初に，Neural Fields が提供する利点を説明するために，コンピュータビジョンにおける Neural Fields 以前の信号表現と，その制約や課題を解説する。その後，Neural Fields の定義，そして Neural Fields を使う利点を説明する。次に，Neural Fields の構成要素やデザインスペースを解説する。最後に，将来への展望と課題を述べる。

Neural Fields の魅力は，コンピュータビジョンやコンピュータグラフィックスに留まらず，信号処理（signal processing）全般の新たな道具として Neural Fields が使われることを期待させる。

## 1 信号表現としての Neural Fields

この節では，最初に信号表現の基礎を簡単に紹介する。次に，逆問題としてのコンピュータビジョンを紹介し，特に 3 次元ビジョン（3D vision）における表現の難しさについて解説する。その後，3 次元ビジョンの表現問題の解決案としての Neural Fields を定義・解説する。

### 1.1 信号表現

信号（signal）は，時間や空間とともに値が変化する関数 $f : \mathbb{R} \to \mathbb{R}$ であることが多い（図 2 (a) 参照）。本稿では，この関数の入力が実数であることにちなんで，これをアナログ信号（または連続信号）と呼ぶ。一方，コンピュータで信号を表したり保存するためには，デジタル信号（または離散信号）を使う（図 2 (b) 参照）。デジタル信号は信号関数を等間隔にサンプリングすることで，関数ではなくベクトル $f_x \in \mathbb{R}^n$ として信号を表す。等間隔にサンプリングすることでフーリエ解析に始まる信号処理理論が利用でき，ベクトルとして表すこ

(a) 連続・アナログ信号

(b) 離散・デジタル信号

(c) Neural Fields

図 2 信号表現の種類。(a) 連続・アナログ信号は，コンピュータで表現したい何らかの情報である。(b) 離散・デジタル信号は，連続信号を等間隔にサンプリングしたものであり，ベクトルとして表される。サンプリングの解像度が足りないと，エイリアシングが発生する。(c) Neural Fields は，ニューラルネットワークを用いた何らかの方法で連続信号を近似する（1.3 項参照）。

とで線形代数理論（またはテンソル理論）を利用できることから，デジタル信号は強力な表現である[3]。

## 従来のコンピュータビジョンにおける信号表現

コンピュータビジョンやコンピュータグラフィックスで扱われる信号表現の多くは，マルチチャンネル（multi-channel）$f : \mathbb{R} \to \mathbb{R}^d$ で，多次元（multi-dimension）$f : \mathbb{R}^m \to \mathbb{R}$ である。たとえば，画像データは 2 次元空間（縦・横）の定義域と 4 つのチャンネル（赤・緑・青・$\alpha$）によって構成される。動画データの場合は，定義域が 1 つ足され，2 + 1 次元（縦・横・時間）となる。定義域やチャンネルが足されるごとに，デジタル信号を保存するために必要なデータ容量は大きくなる。

たとえば，フル HD（1920×1080）の画像を 8 ビット整数として保存するためには，1920×1080×4 = 8.2 MB の容量が必要になる。この解像度で 1 秒当たり 30 フレームの 2 時間の映画を保存するためには，1920×1080×4×30×7200 = 1.8 TB の容量が必要となる。1 本の映画のためにテラバイトの容量を費やすことはできないので，多大な研究と投資を行って，これらのデジタル信号を圧縮するための変換コーディング（transform coding）[8, 9] やエントロピー符号（entropy coding）[10] といった技術が開発されてきた。JPEG [11] や H.264 [12] などの規格は，それらの研究の賜物である。これらの規格は多くのプラットフォーム（ソフトウェア・ハードウェア）で対応されており，画像データからの変換も容易なので，トランスポート形式（transport format）として今でも多く使われている。特に動画圧縮においては，時間軸における 2 次元の画像データの冗長性を活用することで，大きな圧縮率が可能となる。

動画と同じく 3 次元の定義域を使う表現として，ボクセルがある。動画は時間軸に定義域を足すのに対し，ボクセルは空間的に定義域を足す（縦，横，奥行き）ことで，立体的な情報を表現する。両者の大きな違いとして，動画は時間軸に沿う冗長性を利用できるのに対して，ボクセルデータでは特定の軸に沿う冗長性が存在しないので，圧縮が難しく，データ容量の大きさが障害になることが多い。また，画像や動画などと比べると，ボクセルデータは規格もあまり普及していない[4]。

### 1.2 　3 次元ビジョンの表現問題

近年のコンピュータビジョン研究は，2 次元の画像解析から 3 次元ビジョンに進化しており，それに従って，使用される信号表現も進化する必要がある。この項では，3 次元ビジョンに移行するのに伴って「表現問題」がいかに難しくなるかを解説する。

[3] デジタル信号処理は，深い数学的な理論とアドホックな職人技が入り乱れる楽しい分野である。理論は Vetterli et al. [6]，応用は Lyons [7] が詳しい。

[4] MPEG PCC-G [13] などを代表に，存在しないわけではない。

表現問題

　本稿では，最近のコンピュータビジョン論文でもよく見られる「表現」という概念を多用する。「表現」とは，何らかの情報をコンピュータ上で表し処理するための形式である。さらに，「表現問題」は「特定のタスクを解決するためにはどの表現を使えばよいのか」という問いを指す。たとえば，タスクが「ピクセルごとに画像データを編集したい」である場合，この表現問題の答えは，多くの場合，2次元の格子状のデジタル信号である。同じく，タスクが「画像データを圧縮したい」である場合，この表現問題の答えはウェーブレット変換（wavelet transform）[14] や離散コサイン変換（discrete cosine transform）[15] に基づく変換係数（transform coefficient）などである。タスクが「3次元ビジョン」の場合，表現問題の答えは何であろうか？

　3次元ビジョンといってもさまざまなので，具体的にどう表現が進化する必要があるのかを理解するための例として，「逆問題としての3次元ビジョン」に着目する。

逆問題としての3次元ビジョン

5)「逆問題」は，物理界隈でよく使われる言葉である。コンピュータビジョン界隈ではコンピュテーショナルイメージングなどで多く使われる。

　コンピュータビジョンのタスクの多くは，逆問題（inverse problem）[5] として策定することができる。逆問題は，観測された測定情報（observed measurement）から，それを生成した「原因となる要因」（causal factor）を逆算する手法である。逆問題を解く手法はさまざまであるが，基本的には，原因となる要因から測定情報へと導くシステムや方程式を作り，それを何らかの数理最適化手法で解く場合が多い。具体的には，以下のような方程式である。

$$\underset{x}{\mathrm{argmin}} \, \|y - F(x)\| + \lambda P(x) \tag{1}$$

ここで，$y$ は測定情報，$x$ は原因となる要因であり，$F$ は要因と測定を繋ぎ合わせるフォワード関数（forward map），$P$ は制約（constraint）である。

　この逆問題を3次元ビジョンのタスクに当てはめてみよう。たとえば，画像からの3次元復元においては，測定情報は多視点画像，原因となる要因は3次元の形状やテクスチャなど，フォワード関数はレンダリング方程式，そして制約は形状の滑らかさをコントロールする制約であったりする。最近は[6]，微分可能レンダリング技術 [17] の目まぐるしい発展により，この最適化を微分可能プログラミングで実装して，誤差逆伝播法（backpropagation）を駆使した確率的勾配降下法（stochastic gradient descent）や Adam [18] などで解くことができる。この場合の「表現問題」は，3次元のシーンデータを具体的にどう表すかである。

6) 逆問題としてのレンダリング自体は，実はかなり古くから研究されている [16]。

　選択肢の1つとしてボクセルがある。ボクセルは画像と同じように等間隔で

3次元信号をサンプリングすることで，フーリエ解析などの信号処理理論をそのまま利用できるが，空間方向（縦・横・奥行き）に定義域がさらに1つ足されると，必要な保存容量やメモリが凄まじく増加する。大きな（GPUメモリに入り切らない）ボクセルを誤差逆伝播法で最適化するためには，Out-of-core Streaming 技術 [20][7] などを駆使する必要がある。ボクセルを使って3次元復元を解く手法としては，Neural Volumes [26]，Plenoxels [19]（図3参照），DirectVoxGO [27] などがある。いずれも多量のメモリを使う必要があり，大規模なシーンへの利用は難しいかもしれない。

　コンピュータグラフィックスで多く使われるポリゴンメッシュは，メモリ問題をある程度解決することができるが，ノード間の接続やトポロジーを維持するために複雑な形状処理アルゴリズム [28] を必要とし，コンピュータビジョンでの応用は困難を極める[8]。特に誤差逆伝播法で最適化する場合は，メッシュの接続をどう最適化するかが大きな課題となる。トポロジーが既知の場合は，接

[7] コンピュータビジョンではまだあまり見ないが，ボクセルのOut-of-core Streaming や圧縮技術は，コンピュータグラフィックスにおいて深く研究されている [21, 22, 23, 24, 20, 25]。

[8] ポリゴンメッシュを用いた微分可能プログラミング手法は Neural Fields 同様，発展が目まぐるしいので，これらの制約は本書が出回るころには取り除かれている可能性が高い。

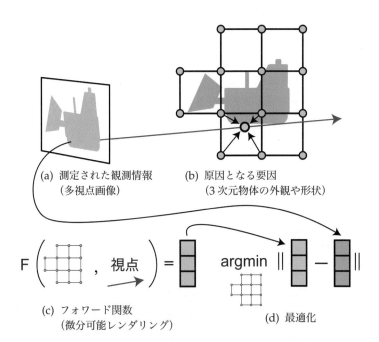

(a) 測定された観測情報
（多視点画像）

(b) 原因となる要因
（3次元物体の外観や形状）

(c) フォワード関数
（微分可能レンダリング）

(d) 最適化

図3　従来のデジタル信号表現による逆問題としての3次元復元。Plenoxels に代表される手法は，多視点画像から3次元復元を逆問題として解く。表現問題の解決案として，これらの手法は疎なボクセルを使用する。(a) 測定された観測情報は多視点画像からなる画像ピクセルであり，(b) 原因となる要因は，疎なボクセルでモデリングされた外観や形状の情報である。(c) フォワード関数として，疎なボクセルを多視点画像ピクセルに変換する微分可能レンダリングを用い，(d) 疎なボクセルのレンダリングから予測されたピクセルと多視点画像により観測されたピクセルの差分を使って，疎なボクセルの形状・外観情報を最適化する。

続が変わらないテンプレートメッシュにより，ノードの位置情報を最適化することができる [29, 30]。最近では，DMTET [31, 32] を活用してトポロジーの制約をなくす手法 [33] も登場しているが，メッシュの面が重なり合ったりするのを防ぐために複雑な正則化が必要となる（図 4 参照）。

ボクセルは四分木や八分木，あるいは他のさまざまな疎なデータ構造体 [34, 23, 35] を使うことで，メモリ使用量をある程度抑制できる。ただ，これらのデータ構造体のトポロジーを最適化することは，メッシュ同様，容易ではない。

### 定義域の増加のさらなる影響

3 次元ビジョンを逆問題として捉え，3 次元ビジョンでは空間軸の増加に伴ってメモリ容量や疎な空間への対処が難しくなることを説明した。しかし，3 次元ビジョンに移行するための定義域の追加は，空間軸を 3 次元に増やすだけでは終わらない。空間が 3 次元になり，視点を自由にコントロールできるようになったことで，光の反射の視点依存[9] をモデリングする必要が出てくる。このモデリングには，Plenoptic Function [36, 37]，Light Field [38]，または Radiance Field [10] などを使う必要がある。Plenoptic Function は，空間的な 3 次元の定義域に視点の方向を表す 2 次元（ヨー，ピッチ）を加えることで 5 次元とし（図 5 参照），時間も加えると 6 次元になる。このようなデータをデジタル信号とし

[9] 簡単な例として，鏡は視点に依存するので，たった 3 次元だけの定義域だと表すことができない。

[10] これらの厳密な定義は，論文や文脈によって微妙に違ったり誤用であったりするので注意されたい。多くの場合，違いは，ある座標である視点から集められる光のモデリングか，ある座標からある視点に向かって放出される光のモデリングかの違いである。詳しくは，ボリュームレンダリングのサーベイ論文 [39] が参考になる。

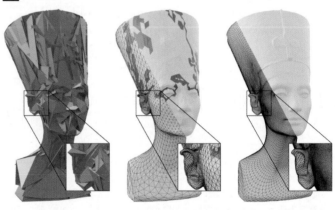

ポリゴンメッシュの重なり合い

(a) 正則化なし　　　(b) 正則化あり　　　(c) 特殊な最適化手法

図 4　ポリゴンメッシュを用いた 3 次元復元の問題例。テンプレートメッシュから微分可能レンダリングを使って 3 次元形状を復元する場合，ポリゴンメッシュの重なり合いを防ぐために正則化や特殊な最適化が必要となる。(a) 正則化なしで最適化した結果。(b) 正則化ありで最適化した結果。(c) 文献 [30] の特殊な最適化手法による結果。図は [30] より引用し翻訳。

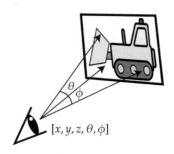

図 5 Plenoptic Function は，特定の 3 次元座標 $(x, y, z)$ に特定の方角（ヨー $\theta$，ピッチ $\phi$）から集められる光をモデリングする。図は [37] より引用し改変。

て保存するためには，想像を絶する容量が必要になり，新たな解決策が必要になってくる。

この表現問題のデザインスペースの広さや難しさからわかるように，3 次元ビジョンにおける主流な表現は現在まだ存在しない[11]。そういった背景から別の新たな表現として注目され始めたのが，Neural Fields である。

11) すべてのタスクに対応しうる「銀の弾丸」はそもそも存在しないという見解も多く見られる。

### 1.3 信号表現の期待の星：Neural Fields

3 次元ビジョンにおける表現問題の解決案として，Neural Fields を用いることが提案された。Neural Fields は，微分可能かつ連続であるパラメトリック関数 $f_\theta(x) = y$ による信号表現である（図 2 (c) 参照）。多くの場合，Neural Fields は構成（そしてパラメータ $\theta$）の一部としてニューラルネットワークを使用する。

本稿で使う "Neural Fields" は，Xie らによるサーベイ論文 [1] で提案された用語であり，ほかにも Coordinate-based Network, Implicit Surface Representation [12], Neural Representation などと呼ばれている。前述のサーベイ論文の著者陣は Coordinate-based Neural Network と呼ぶことも考えたが，より文字数が少ない Neural Fields を採用した。

12) Implicit Representation と呼ばれることもあるが，もともと Implicit Surface は「陰関数による表面」を指す用語なので，Neural Fields が表面以外の物を表していると，ほとんどの場合誤用となる。

パラメトリック関数を用いて連続信号を直に表現すること自体に新規性はない。たとえば，フーリエ変換による周波数表現は，連続信号を三角関数の基底関数の組み合わせとして表すので，連続信号を直に表現しているといえる。同じように，デジタル信号を連続のくし型関数（Dirac comb）として表し，補間フィルタ（interpolation filter）を適用することでも，連続表現を作れる。大きな違いは必要なメモリ量である。フーリエ表現も補間フィルタも，サンプリングする際の標本化周波数によって表せる信号の精度に限りがあり，周波数（解像度）を上げるのに従って必要なメモリ量が増大する。

デジタル信号と比較すると，Neural Fields は基本的に 1 つのニューラルネットワークのみで連続信号を表現することができるので，コンパクトである。た

13) 具体的には, PlenOctrees は粒子の密度（density）と球面調和基底関数の係数を, 線形補間されるデジタル信号として表す。

とえば, Neural Radiance Fields（NeRF）[5] では, Radiance Field を 1 MB 程度のニューラルネットワークで表すことができる。同じ Radiance Field を同等の精度で疎なボクセル信号[13] により表す PlenOctrees [41] や Plenoxels [19] では, 750 MB の容量が必要となる（図 6 参照）。Neural Fields はある種の次元削減をデータに適用しているともいえる。

表現のコンパクトさは, データ圧縮だけではなく, さまざまな状況で重要となる。たとえば, 生成モデリングでは表現のパラメータを直に推論する必要があり, パラメータが多い（コンパクトでない）表現のモデリングは計算量も膨大になって, 実装が難しくなる。これに対し, Dupont ら [43, 42] の研究では, Neural Fields のパラメータを推論する生成モデルを作ることで, さまざまなモダリティの信号（画像, 3 次元形状, 表面情報）を 1 つの手法で生成している（図 7 参照）。膨大なデータ量を扱ったり大規模なシーンを処理したりする現代のコンピュータビジョンの最先端においては, メモリ効率はとてつもなく重要な側面である。

14) バイリニア補間法, トライリニア補間法など。

もちろん, コンパクトさの実現には相応の対価を支払う必要がある。Neural Fields は, たった 1 つの座標を計算するために, （多くの場合, 大きな）ニューラルネットワークの推論を実行する必要がある。これが疎なボクセル信号の場合は, ツリー探索と補間[14] のみの計算となるので, 大きな違いが生じる。NeRF などをレンダリングする場合は, 出力画像のピクセル 1 つごとに数十か所の座標で推論を実行する必要があり, 多大な計算資源が要求される。Neural Fields 研究の大部分は, いかにして「バニラ味」[15] の Neural Fields の強みを生かしながら実行速度などの弱みに対処するかがテーマとなっている。

15) Vanilla MLP や Vanilla NN などでも使われるこの言い回しは, Neural Fields のすべてがスタンダードな活性化関数（activation function）を使うニューラルネットワークのみによって構成されていることを指す。

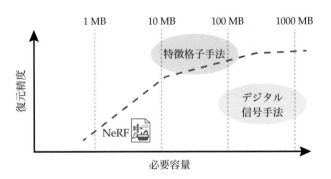

図 6　容量と復元精度の相関性を表すグラフ。X 軸は容量, Y 軸は復元精度を示す。Plenoxels や DVGO などに代表される従来のデジタル信号表現を使う手法は, NeRF 同等の高い復元精度を可能とする反面, 必要容量は凄まじく増える。図は [79] より引用し改変。

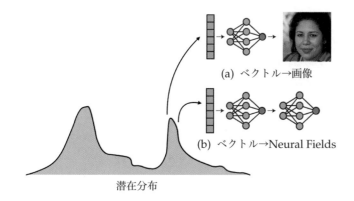

(a) ベクトル→画像

(b) ベクトル→Neural Fields

潜在分布

図 7　Neural Fields を使った生成モデルの例。Dupont ら [43, 42] に代表される手法では，(a) 生成したいデータを直に生成モデルで推論するのではなく，(b) データを内包する Neural Fields のパラメータを推論することでコンパクトな生成モデリングを可能とする。Neural Fields のパラメータ数は入力定義域に大きく左右されないので，3 次元データなどにも簡単に対応できる。

## 1.4　Neural Fields を使う意義

　Neural Fields を利用するメリットは多くある。これらの大半は，Neural Fields の構成要素やアーキテクチャ次第で変化するので，ここでは「バニラ味のニューラルネットワークで信号を表す」ことから得られるメリットのみを考えよう。列挙すると，

1. コンパクトさ
2. 帰納バイアスとしての強みと学習しやすさ
3. 定義域の次元数への非依存
4. 微分可能であることによる，微分可能プログラミングパイプラインへの組み込みやすさ
5. ソフトウェアライブラリの充実

などが挙げられる。この項では，これらからいくつかをピックアップして，詳細に解説する。

### 帰納バイアスとしての強み

　ニューラルネットワークは構造自体が正則化として機能し，ある種の帰納バイアスとして扱えることが知られている。帰納バイアス（inductive bias）とは，使われるアーキテクチャやアルゴリズムが与える制約のことである[16]。たとえば，線形回帰における帰納バイアスは，入力と出力が線形の関係にあるという制約である。Neural Fields における帰納バイアスの重要性を理解するためには，

16) 論文などでは，これらの帰納バイアスが事前分布 (prior) として表現されていることも多い。

まず従来のデジタル信号を用いた圧縮センシングを理解することが役に立つ。

　逆問題の特別なケースとして，圧縮センシング（compressed sensing）[44] という手法がある。圧縮センシングは，原因となる要因が何らかの線形変換ドメインにおいて疎（sparse）であるという事前情報を利用して，必要とする未知数の数よりも少ない観測情報から原因となる要因を算出する手法である（図 8 参照）。具体的に式で表すと，

$$\underset{x}{\mathrm{argmin}} \, \|y - Ax\| + P(x) \tag{2}$$

となり，$A \in \mathbb{R}^{m \times n}$（$m < n$）は長方形の行列なので，答えが無限に存在する。ここで重要となるのが制約 $P$ であり，この制約によって制約の足りない連立方程式でありながらも $x$ を高い精度で復元することが可能になる [45]。実際に求められる情報量よりも少ない量の観測情報から答えが導けることから，圧縮センシングと呼ばれる。

　圧縮センシングの難しさは制約 $P$ のデザインにある。制約は Total Variation（TV）などの滑らかさをコントロールする正則化関数である場合が多い。これらの正則化で精度の高い結果を得るためには，重みの正確なチューニングが必要となる。そこで，Monakhova ら [46] は制約の代わりに，ランダムに初期化された畳み込みニューラルネットワーク（convolutional neural network）のオートエンコーダ（autoencoder）$f_\theta(z)$ で画像 $x$ をノイズ画像 $z$ から復元する方法を提案した。

$$\underset{\theta}{\mathrm{argmin}} \, \|y - A f_\theta(z)\| \tag{3}$$

Monakhova らの結果は，明示的な正則化がなくてもニューラルネットワークを使うことで圧縮センシングが可能であることを示す（図 9 参照）。これは要

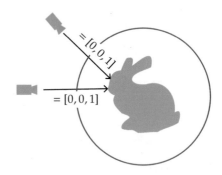

図 8　3 次元復元における圧縮センシングの例。2 つの青色を観測するレイから青いウサギの形状を復元しようとしても，制約なしだと無限の答えが存在する（たとえば，青い球を復元するだけで損失関数を最小化できる）。この場合は「復元する対象はウサギである」などの前提知識や制約が必要となる。

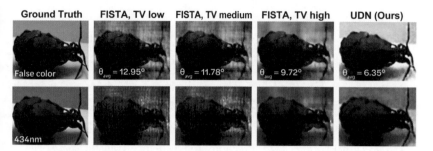

図9　ニューラルネットワークの帰納バイアスが Total Variation 正則化より優れることを示す，Monakhova らの圧縮センシング手法の結果。縦列 1 は復元の正解画像。縦列 2, 3, 4 は従来手法（FISTA）と Total Variation 正則化による復元画像。縦列 5 はニューラルネットワーク表現による復元。縦列 5 の結果のほうが視覚的なアーティファクトが少ないことがわかる。図は [46] から引用。

するに，ニューラルネットワークのアーキテクチャ自体が出力の滑らかさを制約し，ある種の帰納バイアスとして機能していることを示す。ほかにも Deep Image Prior [47] や Deep Decoder [48] で似たような結果が観測されている。

　Neural Fields でも似たような結果が観測される。Plenoxels [19] は格子状のデジタル信号をそれなりに疎な多視点画像から復元するが，精度の良い結果を得るためには，Total Variation 正則化の精緻な調整が必要となる（図 10 参照）。一方，NeRF は正則化なしで同等の結果を得ることができる。これは，NeRF のニューラルネットワーク自体が帰納バイアスとして機能している証拠といえる。また，ハイパーパラメータが減って学習が容易になることは，研究や社会実装において大きな強みとなる。この性質は，逆問題のみならず，大規模なデータセットなどから学習する場合においても役立つと考えられる。

正則化あり　　　粒子密度のみ　　　球面調和係数　　　正則化なし
　　　　　　　　　正則化　　　　　　のみ正則化

図10　3次元デジタル信号を多視点画像から復元する手法である Plenoxels では，Total Variation 正則化の有無で精度が大きく変わる。正則化なしの結果は図 9 の低正則化の結果によく似ている。図は [19] から引用し翻訳。

定義域の次元数への非依存

　逆問題による 3 次元復元問題を紹介したときに，鏡などの表面による視点依存性を表すためには，5 次元の Plenoptic Function などを利用して，視点情報を定義域に含める必要があると解説した。コンピュータグラフィックスにおいてこのような情報をモデリングする際は，何らかの形で定義域を 3 次元に落とし込むことで，3 次元の空間に依存する情報と視点に依存する情報を別々にモデリングする場合が多い。たとえば，Precomputed Radiance Transfer などの手法では，疎な 3 次元格子状のデータ構造体に球面調和基底関数（spherical harmonic basis function)[17] の係数を保存することで，視点依存性を表す。コンピュータグラフィックスにおいて 3 次元以上の定義域をもつ情報を表すためには，このような問題固有の解決案を考える必要がある。

　これに比べると，Neural Fields はとても少ないコストで定義域を増やすことができる。ニューラルネットワークは，入力層のパラメータを増やすだけで定義域を増やせるからである。疎でないデジタル信号の定義域を増やすコストが $O(n^{d+1} - n^d)$ なのに対し，ニューラルネットワークの定義域を増やすコストは $O(1)$ である。

　この定義域の柔軟性は，同時に Neural Fields でできることの創造性も高めてくれる。たとえば，DeepSDF [4] は，定義域の一部に特定の形状を表す特徴ベクトルを使うことで，1 つの Neural Fields でさまざまな形をエンコードすることを可能にしている。NeRF-Tex [51] では，カメラからの距離をインプットとして扱うことで，テクスチャのアンチエイリアシングを学習することができる。EG3D [52] は，StyleGAN2 [53] の生成モデルの隠れ層の特徴マップから得た特徴サンプルをインプットとして扱うことで，StyleGAN2 からの 3 次元復元を可能にしている。Liu [54] らによる研究では，1 つの Neural Fields を多数の形状に近似し補間係数（interpolation coefficient）を定義域として使うことで，形状補間を可能にしている（図 11 参照）。この Neural Fields の柔軟性，そし

外挿 ← ／ $t = 0$ ／ 補間 ／ $t = 1$ ／ → 外挿

図 11　Neural Fields の定義域の次元数への非依存を有効活用する応用例。定義域に 3 次元空間のみならず補間係数を含めて Lipschitz 正則化を使うことで，滑らかな形状補間を可能にする。この Neural Fields は 2 つの補間係数座標 $t = 0$ と $t = 1$ を別々の形状として学習することで初期化される。補間係数座標をトラバースすることで形状補間や外挿までもが可能となる。図は [54] より引用し翻訳。

てシンプルさは Neural Fields の研究の敷居を下げ，この分野を盛り上げている要因の 1 つであると思われる。

　余談として，従来のコンピュータグラフィックスなどにおける手法のように，定義域を別々にモデリングすることの有用性は，Neural Fields でも示されている。たとえば，FastNeRF [55] は，空間を定義域とする Neural Fields と視点を定義域とする Neural Fields を別々にモデリングすると高速化できることを示している。

## 2　Neural Fields の構成

　この節では Neural Fields の構成要素を解説する。前節では DeepSDF などに代表される「バニラ味」の Neural Fields のメリットを示したが，実行速度や後述する Spectral Bias などの大きな問題点も存在する。これらの問題点を解決するためのさまざまな構成要素が提案されている。

　構成要素が増えた分，これらの部品の組み合わせも多種多様になり始めている。デザインスペースが広まった今日において，Neural Fields の応用研究をする場合は，広大なデザインスペースの中でなぜその組み合わせを選んだのかを，査読・リバッタルなどでシステム研究[18]のように正当化する必要が出てきている。Xie らによるサーベイ論文 [1] では，Neural Fields の構成要素を体系化することでシステムデザインを助けようと試みている。

　この節ではすべてを網羅することはできないので，いくつかの重要な Neural Fields の部品をピックアップして紹介する。

[18] コンピュータグラフィックス，コンピュータビジョンにおけるシステム研究の定義や心意気は，Kayvon Fatahalian 教授のブログ記事 [56] がとても参考になる。

### 2.1　入力エンコーディング

　ニューラルネットワークの大きな問題点の 1 つとして，Spectral Bias [57, 58] が挙げられる。Spectral Bias はニューラルネットワークのパラメータ数から可能となる周波数よりも小さい周波数に学習が収束してしまう現象を指す。機械学習タスクではこれは一般化を助ける武器となるが，いわゆる過剰適合（overfitting）が必要となる最適化タスクでは，これは大きな弊害となりうる。

　Spectral Bias を克服するための手法の 1 つは，Positional Embedding [59] である。Positional Embedding は，座標を多重解像度（multi-resolution）のサイン関数とコサイン関数のベクトル

$$e(x) = [\sin(2^0 x), \sin(2^1 x), \ldots, \sin(2^n x), \cos(2^0 x), \cos(2^1 x), \ldots, \cos(2^n x)] \quad (4)$$

として表す手法であり，Spectral Bias をある程度克服できることが実験的に示されている。

Positional Embedding の進化系もいくつも提案されている。Fourier Feature Networks [60] は，軸合わせ（axis-aligned）ではないランダムの軸に沿って座標をエンコーディングすることで精度を上昇させた。Integrated Positional Encoding [61] は，エンコーディングの周波数をサンプリング周波数（厳密には Cone Tracing によるサンプリング領域）に沿って微調整することで，アンチエイリアシング効果を実現する（図 12 参照）。Learned Positional Encoding [62] は，Graph Laplacian を用いた埋め込みでパラメータ依存を回避する。One-blob Encoding [63] や Spline Encoding [64] などは，多重解像度でない周期性のないエンコーディングでも高精度を見せる。Positional Encoding の学習方法自体を変える手法もあり，その多くは低い解像度から高い解像度へと Coarse-to-Fine のスケジュールで学習するものである [65, 66, 67]。

Positional Encoding がなぜ Spectral Bias を克服できるかは明らかにされていないが，理論的な解説を試みた基礎研究はいくつか存在する [58, 60, 68, 69]。現状，Positional Encoding に関する手法の多くは，パラメータ微調整職人によってアドホックに作られていることが多い[19]ので，これからの理論的研究への期待が高まる。

[19] 著者は個人的に「バニラ味」の，または普通の Positional Encoding でない特殊な活性化関数や入力エンコーディングは，学習やハイパーパラメータチューニングがとても難しいと感じている。ReLU 関数や普通の Positional Encoding がいまだに主流であることが，これを示しているかもしれない。

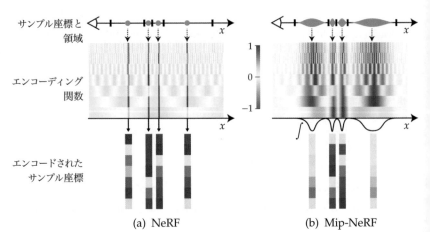

(a) NeRF     (b) Mip-NeRF

図 12　特殊な Positional Encoding の例。(a) は通常の Positional Encoding。サンプリングされる領域の幅にかかわらず静的にエンコーディングされる。(b) は Integrated Positional Encoding。サンプリングされる領域の幅にエンコーディング関数自体が動的に対応する。図は [61] より引用し翻訳。

## 2.2 アーキテクチャ

Spectral Bias の克服には，入力のエンコーディング以外にアーキテクチャ自体を変える手法も提案されている。たとえば，SIREN [70] は，活性化関数を周期性のあるサイン関数として表すことで，高周波の信号や高次の勾配を表せることを示した。SIREN のサイン関数はニューラルネットワークの重みの初期化により大きく変動するので，Ramasinghe ら [71] は，重みの初期化に左右されない，周期性がなくても高次の勾配を表せる活性化関数を提案した。

ほかにも，Spectral Bias の克服以外の目的の新規のアーキテクチャが提案されている。Multiplicative Filter Networks（MFN）[73] は，信号を有限の学習された周波数の組み合わせとして表すことで，周波数表現の強みを維持する。BACON [72] は，MFN を使うと形状などの周波数フィルタリングが可能になることを示している（図 13 参照）。Liu ら [54] は Spectral Regularization の一種を使うことで滑らかな形状補間を可能にする。

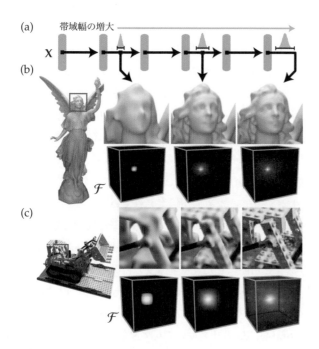

図 13　特殊なアーキテクチャの例。Multiplicative Filter Networks と BACON は周波数表現を使うことで周波数フィルタリングを可能にする。図は左から右に向かって，帯域幅（フーリエ係数の可視化によって帯域幅を表現）の広がりによる形状・外観の変化を示す。図は [72] より引用し翻訳。

## 2.3　ハイブリッド表現

　Spectral Bias と並ぶニューラルネットワークの問題点は，大きなニューラルネットワークを使用することによる計算コストの増大である。DeepSDF やNeRF などは，1 つの座標を計算するのにニューラルネットワークの推論を実行する必要があるので，レンダリングアルゴリズムなどで小さい画像を出力して可視化するのに数秒かかり，学習には数時間かかる。圧縮手法として Neural Fields を使う場合，形式変換に数時間かかるのでは実用的とはいえない。「Spectral Bias の対処」と「計算コストの抑制」の両方を可能にする手法として提案されたのが，ハイブリッド表現である。

　ハイブリッド表現は入力エンコーディングの一種ともいえる。Positional Encoding などがパラメータを必要としない静的なエンコーディングであるのに対し，ハイブリッド表現はパラメトリックな関数をエンコーダとして使う動的なエンコーディングである。このパラメトリックな関数は，特徴量を保存するデジタル信号やメッシュなどの一種であることが多く，従来の信号表現と Neural Fields の組み合わせであることから「ハイブリッド」表現と呼ばれる。

　具体的には，ハイブリッド表現は何らかの空間的なデータ構造体にパラメータを保存し，入力定義域の空間座標を使ってデータ構造体から特徴ベクトルを抽出し，ニューラルネットワークのインプットとして使う。使えるデータ構造体は，2 次元の特徴格子（feature grid）は PIFu [75]，3 次元の特徴格子は Deep Local Shapes [76]，疎な特徴格子は NSVF [77]，多解像度の木構造の特徴格子は NGLOD [74]，マルチプレーンの特徴格子は Convolutional Occupancy Networks（ConvOccNet）[78]，テンソル分解された特徴格子は TensoRF [40] といった具合に，さまざまなものが提案されている。

　NGLOD（図 14 参照）は，多解像度の特徴格子を使うことで，小さなニューラルネットワークの使用を可能にし，初めて高精度の Neural Fields のリアルタイムレンダリングを可能にした。多解像度の特徴格子は，アンチエイリアシングや Out-of-core Streaming などにも使える Level of detail 表現も可能とする。Instant-NGP [2] も同じく多解像度の特徴格子と小さなニューラルネットワークを使用し，Neural Fields のリアルタイム学習を初めて達成した。Instant-NGP は，特徴格子の計算ボトルネックとなっているのは，特徴格子を読み込む際のメモリ帯域幅の浪費であることを示した[20]。対策案として，信号に依存しない有限[21] の特徴コードブック（feature codebook）による座標を入力として整数を出力するハッシュ関数を使ってランダムに特徴を読むことで，高速の学習を可能にする。ハッシュ関数はランダムなので，1 つの解像度でこの処理を行うとハッシュ衝突により精度が大きく損なわれてしまうが，NGLOD 同様，多数の解像度

[20] 厳密には，計算ボトルネックは 1 つだけではない。Instant-NGP はすべての計算をベアメタルの CUDA カーネルで行うことで，徹底的に計算ボトルネックを取り除いている。

[21] 有限なので，メモリのキャッシュサイズちょうどに抑えることが可能になる。

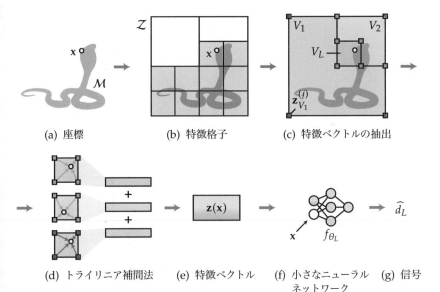

(a) 座標        (b) 特徴格子       (c) 特徴ベクトルの抽出

(d) トライリニア補間法    (e) 特徴ベクトル   (f) 小さなニューラル   (g) 信号
ネットワーク

図 14　特徴格子の有効活用による高速化の例。NGLOD は八分木に特徴ベクト
ルを保存し，ラプラシアンピラミッドやウェーブレットのように多解像度の特
徴ベクトルの和をニューラルネットワークへの入力として使う。八分木の特徴
ベクトルで高周波数を表すことで，小さな 1 レイヤーのニューラルネットワー
クを使うことを可能にする。特徴格子手法は座標 (a) を使い，データ構造体 (b)
から特徴ベクトルを抽出する (c)。座標は連続である場合が多いので，トライリ
ニア補間法などを使って連続補間する (d)。抽出された特徴ベクトル (e) が小さ
なニューラルネットワーク (f) の入力として使われ，信号 (g) を予測する。図
は [74] より引用し翻訳。

から特徴を読み込むことでハッシュから導かれる整数は整数のベクトルとなり，
ベクトルごとに見ると衝突が減るので，有用な特徴を学ぶことが可能になる。

　これらの手法の大きな弊害は，空間的な特徴を保存するためにデジタル信号
を使うことで，コンパクトさが失われてしまうことである。ConvOccNet（図
15 参照）や TensoRF のようなテンソル分解である程度容量を抑えることはでき
るが，それでもニューラルネットワークの 1 MB よりかなり大きい容量になっ
てしまう。Instant-NGP は，デジタル信号ではなく有限の特徴行列を使うため
一見コンパクトに思えるが，高精度を得るためにかなりの階層の多解像度特徴
行列を必要とするので，結局はデジタル信号と似た容量が必要になる。

　Variable Bitrate Neural Fields [79]（図 15 参照）は，デジタル特徴格子による
パラメータ数の増加を防ぐために Vector-Quantized Auto-Decoder（VQAD）
を提案した。VQAD は Instant-NGP のように特徴行列を使うが，ランダム性
を防ぐための多解像度階層によるパラメータの増加を防ぐために，ハッシュ関
数ではなく低ビット整数を格子に保存し学習する。「ハッシュ関数」を学習する

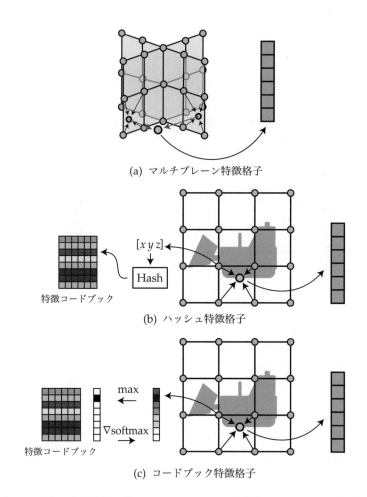

(a) マルチプレーン特徴格子

(b) ハッシュ特徴格子

(c) コードブック特徴格子

図 15　特殊な特徴格子の例。(a) マルチプレーン特徴格子は，3 次元の特徴格子を 3 つの 2 次元の特徴格子の組み合わせとして表現することでメモリ使用量を抑える。ConvOccNet や TensoRF などに代表される。(b) ハッシュ特徴格子は，座標をハッシュ関数で特徴ベクトルへのメモリポインタを表す整数に変換し，特徴コードブックからベクトルを読み込むことで，データ構造体への依存をなくし，有限の大きさのコードブックを使うことで高速化を可能にする。Instant-NGP などに代表される。(c) コードブック特徴格子は，ハッシュを使うのではなく特徴ベクトルへのメモリポインタを表す整数をデータ構造体に保存して学習することで，ベクトルの衝突を軽減し，小さな圧縮された特徴コードブックでも精度の高い復元を可能とする。Variable Bitrate Neural Fields などに代表される。図は [79] より引用し改変。

ことで，階層の少ない特徴行列でも正確な信号を学習できるため，リアルタイムレンダリングを実現しつつ 1 MB 以下の 3 次元信号表現が可能になる。

　Block-NeRF [3] は打って変わって，高速化のためではなく大規模なデータの学習を可能にするために，ハイブリッド表現を使う。Block-NeRF は，ニューラ

ルネットワークのパラメータをベクトルとして格子に保存し学習することで信号を空間的に分離可能にし，「ブロック」を別々に学習することで都市単位の信号の学習を可能にする。

BACON や Variable Bitrate Neural Fields などは，ハイブリッド表現やアーキテクチャの進化により Neural Fields が従来の信号表現手法に近づき，従来の信号処理手法が可能になったことから生まれた研究ともいえる。これからも，信号処理と Neural Fields を組み合わせた手法が開発されることが期待される。

## 3　将来的な課題

ここ数年間で Neural Fields は目覚ましい進化を遂げているが，まだまだ実用化までの課題は多く残っている。この節では，Neural Fields の将来的な研究で対応されるべき課題などを軽くハイライトする。

### 3.1　計算コスト

Neural Fields は Instant-NGP や TensoRF の登場によりリアルタイム学習の領域に入っているが，コンピュータグラフィックスの表現として考えると，計算コストも必要なメモリも，いまだに大きく映る。これからの Neural Fields の進歩は，いかにして精度を維持しながら計算コストを抑えるかが大きな課題となり，ハードウェア，ソフトウェア，コンパイラなどをまたいだ学際的な研究が期待される。実際に，最近は伝統的なシステム研究所 [80] などから Neural Fields に関する論文が登場していて，これからも増え続けると思われる。

### 3.2　生成モデル

2 次元画像の生成モデルは，畳み込みニューラルネットワークでデジタル信号を直に推論する StyleGAN [34] などの手法が大きな成功を収めている。3 次元において同じ手法を使おうとすると，定義域の増加による計算コストが大きな弊害となる。比較的パラメータ数の少ない Neural Fields を直に推論する手法 [43] は，3 次元生成モデルへの道標となるかもしれない。

ほかにも，最近は Transformer を用いることで解像度にあまり依存せず大規模な 2 次元画像の生成を可能にする，VQ-GAN [81] などの手法も現れており，これらの手法を特徴格子に応用する研究 [82] などにも期待が高まる。

### 3.3　Neural Fields の信号処理

デジタル信号の強みは，信号処理理論による深い理解やデジタル信号に適したツール[22] の利用などであり，周波数ベースのフィルタは音声処理でも画像処

[22] Photoshop や GIMP など，画像編集ツールは多数存在する。

理でも幅広く使われている。Neural Fields を新たな信号表現として利用するために は，これらの編集方法を使えるようにする必要があり，今後重要かつ面白い課題となると思われる。Multiplicative Filter Networks や BACON はそれらの前兆であろう。

逆に，Neural Fields をあくまで編集可能でないトランスポート形式として扱う場合は，圧縮やストリーミングなどの技術が重要となる。特に，時間軸に沿った情報を Neural Fields で表す手法はまだあまりなく，現存の動画データのエンコーダのような圧縮率を成し遂げるには，まだ時間がかかると思われる。

## 4　おわりに

本稿では信号処理の新たなツールとなりうる Neural Fields を取り上げ，コンピュータビジョンへの応用を説明した。Neural Fields の研究はペースが速く，論文数も多い。それゆえ，本稿が最新動向の理解やキャッチアップに役立つことがあれば，とても幸いである。

参考文献

[1] Yiheng Xie, Towaki Takikawa, Shunsuke Saito, Or Litany, Shiqin Yan, Numair Khan, Federico Tombari, James Tompkin, Vincent Sitzmann, and Srinath Sridhar. Neural fields in visual computing and beyond. In *Computer Graphics Forum*, 2022.

[2] Thomas Müller, Alex Evans, Christoph Schied, and Alexander Keller. Instant neural graphics primitives with a multiresolution hash encoding. *arXiv preprint arXiv:2201.05989*, 2022.

[3] Matthew Tancik, Vincent Casser, Xinchen Yan, Sabeek Pradhan, Ben Mildenhall, Pratul P. Srinivasan, Jonathan T. Barron, and Henrik Kretzschmar. Block-NeRF: Scalable large scene neural view synthesis. *arXiv preprint arXiv:2202.05263*, 2022.

[4] Jeong Joon Park, Peter Florence, Julian Straub, Richard Newcombe, and Steven Lovegrove. DeepSDF: Learning continuous signed distance functions for shape representation. In *IEEE/CVF Conference on Computer Vision and Pattern Recognition*, pp. 165–174, 2019.

[5] Ben Mildenhall, Pratul P. Srinivasan, Matthew Tancik, Jonathan T. Barron, Ravi Ramamoorthi, and Ren Ng. NeRF: Representing scenes as neural radiance fields for view synthesis. In *European Conference on Computer Vision*, pp. 405–421. Springer, 2020.

[6] Martin Vetterli, Jelena Kovačević, and Vivek K. Goyal. *Foundations of Signal Processing*. Cambridge University Press, 2014.

[7] Richard G. Lyons. *Understanding Digital Signal Processing, 3/E*. Pearson Education India, 1997.

[8] Vivek K. Goyal. Theoretical foundations of transform coding. *IEEE Signal Processing*

*Magazine*, Vol. 18, No. 5, pp. 9–21, 2001.

[9] Johannes Ballé, Philip A. Chou, David Minnen, Saurabh Singh, Nick Johnston, Eirikur Agustsson, Sung Jin Hwang, and George Toderici. Nonlinear transform coding. *IEEE Journal of Selected Topics in Signal Processing*, Vol. 15, No. 2, pp. 339–353, 2020.

[10] Claude E. Shannon. A mathematical theory of communication. *The Bell System Technical Journal*, Vol. 27, No. 3, pp. 379–423, 1948.

[11] Gregory K. Wallace. The JPEG still picture compression standard. *IEEE Transactions on Consumer Electronics*, Vol. 38, No. 1, pp. xviii–xxxiv, 1992.

[12] Thomas Wiegand, Gary J. Sullivan, Gisle Bjontegaard, and Ajay Luthra. Overview of the H. 264/AVC video coding standard. *IEEE Transactions on Circuits and Systems for Video Technology*, Vol. 13, No. 7, pp. 560–576, 2003.

[13] Sebastian Schwarz, Marius Preda, Vittorio Baroncini, Madhukar Budagavi, Pablo Cesar, Philip A. Chou, Robert A. Cohen, Maja Krivokuća, Sébastien Lasserre, Zhu Li, et al. Emerging MPEG standards for point cloud compression. *IEEE Journal on Emerging and Selected Topics in Circuits and Systems*, Vol. 9, No. 1, pp. 133–148, 2018.

[14] Eric J. Stollnitz, Tony D. DeRose, Anthony D. DeRose, and David H. Salesin. *Wavelets for Computer Graphics: Theory and Applications*. Morgan Kaufmann, 1996.

[15] Nasir Ahmed, T. Natarajan, and Kamisetty R. Rao. Discrete cosine transform. *IEEE Transactions on Computers*, Vol. 100, No. 1, pp. 90–93, 1974.

[16] Gustavo Patow and Xavier Pueyo. A survey of inverse rendering problems. In *Computer Graphics Forum*, Vol. 22, No. 4, pp. 663–687, 2003.

[17] Hiroharu Kato, Deniz Beker, Mihai Morariu, Takahiro Ando, Toru Matsuoka, Wadim Kehl, and Adrien Gaidon. Differentiable rendering: A survey. *arXiv preprint arXiv:2006.12057*, 2020.

[18] Diederik P. Kingma and Jimmy Ba. Adam: A method for stochastic optimization. *arXiv preprint arXiv:1412.6980*, 2014.

[19] Alex Yu, Sara Fridovich-Keil, Matthew Tancik, Qinhong Chen, Benjamin Recht, and Angjoo Kanazawa. Plenoxels: Radiance fields without neural networks. *arXiv preprint arXiv:2112.05131*, 2021.

[20] Johanna Beyer, Markus Hadwiger, and Hanspeter Pfister. A survey of GPU-based large-scale volume visualization. In *Eurographics Conference on Visualization (EuroVis) (2014)*. IEEE Visualization and Graphics Technical Committee (IEEE VGTC), 2014.

[21] Gene Greger, Peter Shirley, Philip M. Hubbard, and Donald P. Greenberg. The irradiance volume. *IEEE Computer Graphics and Applications*, Vol. 18, No. 2, pp. 32–43, 1998.

[22] Peter-Pike Sloan, Jan Kautz, and John Snyder. Precomputed radiance transfer for real-time rendering in dynamic, low-frequency lighting environments. In *29th Annual Conference on Computer Graphics and Interactive Techniques*, pp. 527–536, 2002.

[23] Cyril Crassin, Fabrice Neyret, Sylvain Lefebvre, and Elmar Eisemann. GigaVoxels: Ray-guided streaming for efficient and detailed voxel rendering. In *2009 Symposium on Interactive 3D Graphics and Games*, pp. 15–22, 2009.

[24] Marcos Balsa Rodríguez, Enrico Gobbetti, Jose Antonio Iglesias Guitian, Maxim

Makhinya, Fabio Marton, Renato Pajarola, and Susanne K. Suter. State-of-the-art in compressed GPU-based direct volume rendering. In *Computer Graphics Forum*, Vol. 33, No. 6, pp. 77–100, 2014.

[25] Ari Silvennoinen and Peter-Pike Sloan. Moving basis decomposition for precomputed light transport. In *Computer Graphics Forum*, Vol. 40, No. 4, pp. 127–137, 2021.

[26] Stephen Lombardi, Tomas Simon, Jason Saragih, Gabriel Schwartz, Andreas Lehrmann, and Yaser Sheikh. Neural volumes: Learning dynamic renderable volumes from images. *arXiv preprint arXiv:1906.07751*, 2019.

[27] Cheng Sun, Min Sun, and Hwann-Tzong Chen. Direct voxel grid optimization: Superfast convergence for radiance fields reconstruction. *arXiv preprint arXiv:2111.11215*, 2021.

[28] Mario Botsch, Leif Kobbelt, Mark Pauly, Pierre Alliez, and Bruno Lévy. *Polygon Mesh Processing*. CRC press, 2010.

[29] Jon Hasselgren, Jacob Munkberg, Jaakko Lehtinen, Miika Aittala, and Samuli Laine. Appearance-driven automatic 3D model simplification. *arXiv preprint arXiv:2104.03989*, 2021.

[30] Baptiste Nicolet, Alec Jacobson, and Wenzel Jakob. Large steps in inverse rendering of geometry. *ACM Transactions on Graphics (TOG)*, Vol. 40, No. 6, pp. 1–13, 2021.

[31] Jun Gao, Wenzheng Chen, Tommy Xiang, Alec Jacobson, Morgan McGuire, and Sanja Fidler. Learning deformable tetrahedral meshes for 3D reconstruction. *Advances in Neural Information Processing Systems*, Vol. 33, pp. 9936–9947, 2020.

[32] Tianchang Shen, Jun Gao, Kangxue Yin, Ming-Yu Liu, and Sanja Fidler. Deep marching tetrahedra: A hybrid representation for high-resolution 3D shape synthesis. *Advances in Neural Information Processing Systems*, Vol. 34, 2021.

[33] Jacob Munkberg, Jon Hasselgren, Tianchang Shen, Jun Gao, Wenzheng Chen, Alex Evans, Thomas Müller, and Sanja Fidler. Extracting triangular 3D models, materials, and lighting from images. *arXiv preprint arXiv:2111.12503*, 2021.

[34] Samuli Laine and Tero Karras. Efficient sparse voxel octrees. *IEEE Transactions on Visualization and Computer Graphics*, Vol. 17, No. 8, pp. 1048–1059, 2010.

[35] Matthias Nießner, Michael Zollhöfer, Shahram Izadi, and Marc Stamminger. Real-time 3D reconstruction at scale using voxel hashing. *ACM Transactions on Graphics (TOG)*, Vol. 32, No. 6, pp. 1–11, 2013.

[36] James R. Bergen and Edward H. Adelson. The plenoptic function and the elements of early vision. *Computational Models of Visual Processing*, Vol. 1, p. 8, 1991.

[37] Leonard McMillan and Gary Bishop. Plenoptic modeling: An image-based rendering system. In *22nd Annual Conference on Computer Graphics and Interactive Techniques*, pp. 39–46, 1995.

[38] Marc Levoy and Pat Hanrahan. Light field rendering. In *23rd Annual Conference on Computer Graphics and Interactive Techniques*, pp. 31–42, 1996.

[39] Jan Novák, Iliyan Georgiev, Johannes Hanika, and Wojciech Jarosz. Monte Carlo methods for volumetric light transport simulation. In *Computer Graphics Forum*, Vol. 37, No. 2, pp. 551–576, 2018.

[40] Anpei Chen, Zexiang Xu, Andreas Geiger, Jingyi Yu, and Hao Su. TensoRF: Tensorial radiance fields. *arXiv preprint arXiv:2203.09517*, 2022.

[41] Alex Yu, Ruilong Li, Matthew Tancik, Hao Li, Ren Ng, and Angjoo Kanazawa. PlenOctrees for real-time rendering of neural radiance fields. In *IEEE/CVF International Conference on Computer Vision*, pp. 5752–5761, 2021.

[42] Emilien Dupont, Hyunjik Kim, S. M. Ali Eslami, Danilo Rezende, and Dan Rosenbaum. From data to functa: Your data point is a function and you should treat it like one. *arXiv preprint arXiv:2201.12204*, 2022.

[43] Emilien Dupont, Yee Whye Teh, and Arnaud Doucet. Generative models as distributions of functions. *arXiv preprint arXiv:2102.04776*, 2021.

[44] David L. Donoho. Compressed sensing. *IEEE Transactions on Information Theory*, Vol. 52, No. 4, pp. 1289–1306, 2006.

[45] Emmanuel J. Candes, Justin K. Romberg, and Terence Tao. Stable signal recovery from incomplete and inaccurate measurements. *Communications on Pure and Applied Mathematics: A Journal Issued by the Courant Institute of Mathematical Sciences*, Vol. 59, No. 8, pp. 1207–1223, 2006.

[46] Kristina Monakhova, Vi Tran, Grace Kuo, and Laura Waller. Untrained networks for compressive lensless photography. *Optics Express*, Vol. 29, No. 13, pp. 20913–20929, 2021.

[47] Dmitry Ulyanov, Andrea Vedaldi, and Victor Lempitsky. Deep image prior. In *IEEE Conference on Computer Vision and Pattern Recognition*, pp. 9446–9454, 2018.

[48] Reinhard Heckel and Paul Hand. Deep decoder: Concise image representations from untrained non-convolutional networks. *arXiv preprint arXiv:1810.03982*, 2018.

[49] Ravi Ramamoorthi. Modeling illumination variation with spherical harmonics. *Face Processing: Advanced Modeling Methods*, pp. 385–424, 2006.

[50] Peter-Pike Sloan. Stupid spherical harmonics (SH) tricks. In *Game Developers Conference*, Vol. 9, p. 42, 2008.

[51] Hendrik Baatz, Jonathan Granskog, Marios Papas, Fabrice Rousselle, and Jan Novák. NeRF-Tex: Neural reflectance field textures. In *Eurographics Symposium on Rendering (EGSR)*. The Eurographics Association, 2021.

[52] Eric R. Chan, Connor Z. Lin, Matthew A. Chan, Koki Nagano, Boxiao Pan, Shalini De Mello, Orazio Gallo, Leonidas Guibas, Jonathan Tremblay, Sameh Khamis, et al. Efficient geometry-aware 3D generative adversarial networks. *arXiv preprint arXiv:2112.07945*, 2021.

[53] Tero Karras, Samuli Laine, Miika Aittala, Janne Hellsten, Jaakko Lehtinen, and Timo Aila. Analyzing and improving the image quality of StyleGAN. In *IEEE/CVF Conference on Computer Vision and Pattern Recognition*, pp. 8110–8119, 2020.

[54] Hsueh-Ti D. Liu, Francis Williams, Alec Jacobson, Sanja Fidler, and Or Litany. Learning smooth neural functions via Lipschitz regularization. *arXiv preprint arXiv:2202.08345*, 2022.

[55] Stephan J. Garbin, Marek Kowalski, Matthew Johnson, Jamie Shotton, and Julien Valentin. FastNeRF: High-fidelity neural rendering at 200fps. In *IEEE/CVF Interna-*

*tional Conference on Computer Vision*, pp. 14346–14355, 2021.

[56] Kayvon Fatahalian. What makes a (graphics) systems paper beautiful. https://graphics.stanford.edu/~kayvonf/notes/systemspaper/.

[57] Nasim Rahaman, Aristide Baratin, Devansh Arpit, Felix Draxler, Min Lin, Fred Hamprecht, Yoshua Bengio, and Aaron Courville. On the spectral bias of neural networks. In *International Conference on Machine Learning*, pp. 5301–5310. PMLR, 2019.

[58] Minyoung Huh, Hossein Mobahi, Richard Zhang, Brian Cheung, Pulkit Agrawal, and Phillip Isola. The low-rank simplicity bias in deep networks. *arXiv preprint arXiv:2103.10427*, 2021.

[59] Ashish Vaswani, Noam Shazeer, Niki Parmar, Jakob Uszkoreit, Llion Jones, Aidan N. Gomez, Łukasz Kaiser, and Illia Polosukhin. Attention is all you need. *Advances in Neural Information Processing Systems*, Vol. 30, 2017.

[60] Matthew Tancik, Pratul Srinivasan, Ben Mildenhall, Sara Fridovich-Keil, Nithin Raghavan, Utkarsh Singhal, Ravi Ramamoorthi, Jonathan Barron, and Ren Ng. Fourier features let networks learn high frequency functions in low dimensional domains. *Advances in Neural Information Processing Systems*, Vol. 33, pp. 7537–7547, 2020.

[61] Jonathan T. Barron, Ben Mildenhall, Matthew Tancik, Peter Hedman, Ricardo Martin-Brualla, and Pratul P. Srinivasan. Mip-NeRF: A multiscale representation for anti-aliasing neural radiance fields. In *IEEE/CVF International Conference on Computer Vision*, pp. 5855–5864, 2021.

[62] Sameera Ramasinghe and Simon Lucey. Learning positional embeddings for coordinate-MLPs. *arXiv preprint arXiv:2112.11577*, 2021.

[63] Thomas Müller, Fabrice Rousselle, Alexander Keller, and Jan Novák. Neural control variates. *ACM Transactions on Graphics (TOG)*, Vol. 39, No. 6, pp. 1–19, 2020.

[64] Peng-Shuai Wang, Yang Liu, Yu-Qi Yang, and Xin Tong. Spline positional encoding for learning 3D implicit signed distance fields. *arXiv preprint arXiv:2106.01553*, 2021.

[65] Amir Hertz, Or Perel, Raja Giryes, Olga Sorkine-Hornung, and Daniel Cohen-Or. SAPE: Spatially-adaptive progressive encoding for neural optimization. *Advances in Neural Information Processing Systems*, Vol. 34, 2021.

[66] Chen-Hsuan Lin, Wei-Chiu Ma, Antonio Torralba, and Simon Lucey. BARF: Bundle-adjusting neural radiance fields. In *IEEE/CVF International Conference on Computer Vision*, pp. 5741–5751, 2021.

[67] Nuri Benbarka, Timon Höfer, Andreas Zell, et al. Seeing implicit neural representations as Fourier series. In *IEEE/CVF Winter Conference on Applications of Computer Vision*, pp. 2041–2050, 2022.

[68] Jianqiao Zheng, Sameera Ramasinghe, and Simon Lucey. Rethinking positional encoding. *arXiv preprint arXiv:2107.02561*, 2021.

[69] Gizem Yüce, Guillermo Ortiz-Jiménez, Beril Besbinar, and Pascal Frossard. A structured dictionary perspective on implicit neural representations. *arXiv preprint arXiv:2112.01917*, 2021.

[70] Vincent Sitzmann, Julien Martel, Alexander Bergman, David Lindell, and Gordon

Wetzstein. Implicit neural representations with periodic activation functions. *Advances in Neural Information Processing Systems*, Vol. 33, pp. 7462–7473, 2020.

[71] Sameera Ramasinghe and Simon Lucey. Beyond periodicity: Towards a unifying framework for activations in coordinate-MLPs. *arXiv preprint arXiv:2111.15135*, 2021.

[72] David B. Lindell, Dave Van Veen, Jeong Joon Park, and Gordon Wetzstein. BACON: Band-limited coordinate networks for multiscale scene representation. *arXiv preprint arXiv:2112.04645*, 2021.

[73] Rizal Fathony, Anit K. Sahu, Devin Willmott, and J. Zico Kolter. Multiplicative filter networks. In *International Conference on Learning Representations*, 2020.

[74] Towaki Takikawa, Joey Litalien, Kangxue Yin, Karsten Kreis, Charles Loop, Derek Nowrouzezahrai, Alec Jacobson, Morgan McGuire, and Sanja Fidler. Neural geometric level of detail: Real-time rendering with implicit 3D shapes. In *IEEE/CVF Conference on Computer Vision and Pattern Recognition*, pp. 11358–11367, 2021.

[75] Shunsuke Saito, Zeng Huang, Ryota Natsume, Shigeo Morishima, Angjoo Kanazawa, and Hao Li. PIFu: Pixel-aligned implicit function for high-resolution clothed human digitization. In *IEEE/CVF International Conference on Computer Vision*, pp. 2304–2314, 2019.

[76] Rohan Chabra, Jan E. Lenssen, Eddy Ilg, Tanner Schmidt, Julian Straub, Steven Lovegrove, and Richard Newcombe. Deep local shapes: Learning local SDF priors for detailed 3D reconstruction. In *European Conference on Computer Vision*, pp. 608–625. Springer, 2020.

[77] Lingjie Liu, Jiatao Gu, Kyaw Zaw Lin, Tat-Seng Chua, and Christian Theobalt. Neural sparse voxel fields. *Advances in Neural Information Processing Systems*, Vol. 33, pp. 15651–15663, 2020.

[78] Songyou Peng, Michael Niemeyer, Lars Mescheder, Marc Pollefeys, and Andreas Geiger. Convolutional occupancy networks. In *European Conference on Computer Vision*, pp. 523–540. Springer, 2020.

[79] Towaki Takikawa, Alex Evans, Jonathan Tremblay, Thomas Muller, Morgan McGuire, Alec Jacobson, and Sanja Fidler. Variable bitrate neural fields. In *SIGGRAPH*, 2022.

[80] Haithem Turki, Deva Ramanan, and Mahadev Satyanarayanan. Mega-NeRF: Scalable construction of large-scale NeRFs for virtual fly-throughs. *arXiv preprint arXiv:2112.10703*, 2021.

[81] Patrick Esser, Robin Rombach, and Bjorn Ommer. Taming transformers for high-resolution image synthesis. In *IEEE/CVF Conference on Computer Vision and Pattern Recognition*, pp. 12873–12883, 2021.

[82] Xingguang Yan, Liqiang Lin, Niloy J. Mitra, Dani Lischinski, Danny Cohen-Or, and Hui Huang. ShapeFormer: Transformer-based shape completion via sparse representation. *arXiv preprint arXiv:2201.10326*, 2022.

たきかわ とわき（NVIDIA Research / University of Toronto）

# フカヨミ 非グリッド特徴を用いた画像認識
## グリッドベースの畳み込みからの脱却！

■濱口竜平

深層学習が登場して以降，画像認識には畳み込みニューラルネットワーク（convolutional neural network; CNN）が広く用いられてきた。CNN の内部では，シーンを表現するために一様なグリッド状の特徴マップが用いられている。しかし，身のまわりを見回したときに，われわれの周囲の環境は一様なグリッドで表現できるような構造をしているだろうか。たとえば筆者の部屋を見てみると，デスクの上には PC やキーボード，資料やメモ，筆記具といったものが所狭しと置かれている一方，壁面はただ一様に白い壁である。このように，実世界において，意味的な情報は空間内に不均一に分布していることがほとんどである。したがって，実世界のシーンを特徴ベクトルの集合で表現する際は，グリッド状の均一な配置ではなく，情報の濃淡に応じた不均一な配置になるのが自然に思われる。本稿では，このような発想に基づいて，グリッドによらない特徴表現によってシーンを認識する手法を紹介する。

1 節では，グリッド状の表現を用いることで発生する CNN の問題点を，特徴マップの解像度と受容野の観点から解説する。次に 2 節では，非グリッド特徴表現を用いることで解像度と受容野の問題をうまく解決できることを説明し，非グリッド特徴に対する畳み込み手法として Heterogeneous Grid Convolution（HG-Conv）と呼ばれる手法を解説する。最後に 3 節では，近年登場した Transformer の非グリッド特徴への適用について議論する。特に Transformer をグラフ畳み込みとして捉えることで，従来の畳み込みから HG-Conv，Transformer までを統一的に理解できることを示す。

## 1 畳み込みニューラルネットワークの弱点

CNN は，局所的な信号処理である畳み込み層の繰り返しを通じて，階層的に画像を認識する。われわれの身のまわりの世界が局所的な情報の集合によって階層的に構成されている[1] ことを考えると，CNN の構造は理にかなっており，実世界の画像を認識するのに適しているといえる。その一方で，畳み込み層は近傍の情報しか伝搬できないために，受容野を拡大する機能が弱いという欠点

[1] たとえば人間は頭，顔，胴体，両腕，両足から構成され，顔は目，鼻，口，耳によって構成され，さらに目は瞼の曲線や瞳の円形，まつ毛の直線といったパターンによって構成されている。

をもっている。

この節では，CNN の基本的な構成要素である畳み込み層とプーリング層を説明した後に，セマンティックセグメンテーションのタスクを例に，特徴マップの解像度と受容野の重要性を説明する。次に，受容野の観点から畳み込み層の欠点について述べ，その解決のためにこれまでなされてきた研究を紹介する。

## 1.1 畳み込み層とプーリング層

畳み込みニューラルネットワークとは，2 次元の畳み込み（convolution）を行う畳み込み層を多層に重ねたニューラルネットワークのことである。畳み込み層では，カーネルと呼ばれる小さなウィンドウを用いて入力画像から小領域を取り出し，これにカーネルのもつ重みパラメータを掛けて足し合わせることで，出力値を 1 つ得る。この操作をカーネルをスライドさせて繰り返し実行することで画像全体をスキャンし，出力の特徴マップを得る。

図 1 に，畳み込み層を 2 層重ねた処理の様子を示す。図の中の青色の太線は 3×3 の畳み込み層（conv 3×3）のイメージを表している。この図の畳み込みでは，入力層の 3×3 の範囲の情報を取り込んで畳み込み層 ① の 1 つの特徴量を計算していることがわかる。このように 1 つの特徴量が “見る” 範囲のことを受容野と呼ぶ。いま，この畳み込み層をもう 1 層追加してみよう。2 層目の畳み込みは同様に 3×3 の範囲の情報を取り込んでいるが，取り込まれている特徴のそれぞれが 3×3 の受容野をもっているので，結果的に入力層の 5×5 の範囲の情報を取り込んでいることになる（図 1 の赤色の太線を参照）。CNN では，このように畳み込み層を多層に重ねることで，より広い範囲の情報を階層的に取り込んでいき，画像全体を認識する。

次に，プーリング層とは特徴のダウンサンプルを行う層のことであり，この層では，入力層の一定の範囲の情報を集約して代表値をとるという処理が行われる。代表値のとり方にいくつかのバリエーションがあり，頻繁に用いられるものとして，ウィンドウ内の特徴量の平均をとる平均プーリング（average-pooling）

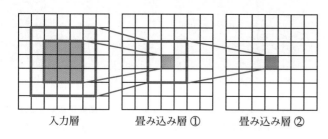

入力層　　　　　　　畳み込み層 ①　　　　　　畳み込み層 ②

図 1　畳み込み層と受容野の広がり方

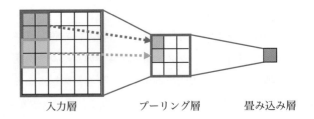

入力層　　　　　　　プーリング層　　　　　　畳み込み層

図2　プーリング層と受容野の広がり方

や，最大値をとる最大プーリング（max-pooling）がある。プーリング層の重要な役割は，ネットワークの受容野を広げることである。たとえば，図2のようにプーリング層によって特徴のサイズを半分にすると，本来3×3であった畳み込み層の受容野のサイズは2倍の6×6に広がる。このようにプーリング層を重ねていくと，受容野のサイズを2倍，4倍，8倍と大幅に拡大することができる。その反面，特徴マップの解像度は1/2，1/4，1/8と徐々に粗くなっていくことになる。

## 1.2　解像度と受容野の重要性

　CNNモデルの設計において重要な要素に，特徴マップの解像度と受容野の広さがある。いま，図3 (a), (b) のように入力画像からピクセルごとにクラス分類を行うタスク（セマンティックセグメンテーション）を例にとって，このタスク

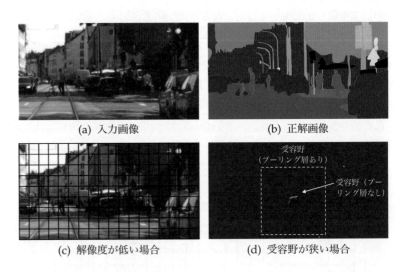

(a) 入力画像　　　　　　　　　　　　(b) 正解画像

(c) 解像度が低い場合　　　　　　　(d) 受容野が狭い場合

図3　セマンティックセグメンテーションにおける解像度と受容野の重要性。(c) は VGG16 の全結合層の直前の特徴マップのグリッドを描画した図であり，(d) は VGG16 からプーリング層を除去した場合の受容野を可視化した図である。画像は Cityscapes [1] より借用した。

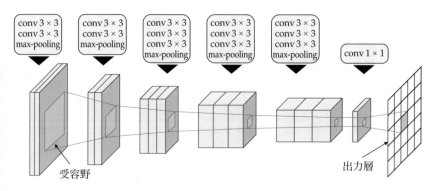

図4 VGG16 をベースにしたセマンティックセグメンテーションの CNN モデルの例

を解く CNN モデルを設計してみよう．まず，ベースとして，VGG16 [2] と呼ばれる有名なネットワーク構造を用いて，図4のような CNN モデルを考えてみる．このモデルにおいて，出力層の解像度と受容野は，認識精度にどのような影響を及ぼすだろうか．VGG16 では，解像度を半分にする max-pooling 層が合計で5層ある．つまり，出力層の手前の特徴マップの解像度は，$1/2^5$，すなわち32分の1まで落ちてしまうことになる．この解像度のグリッドを画像に重ねて見てみると，図3 (c) のようになる．このように，解像度が低い特徴マップでは，物体の輪郭を正しく認識できなくなることがわかる．

では，次にプーリング層を除去して解像度を落とさない設計にしてみよう．しかし，そうすると，今度は受容野が十分に広がらなくなってしまうのである．仮にプーリング層をすべて除去した場合には，出力層の1つのユニット当たりの受容野は，もとの 212 × 212 ピクセルから 27 × 27 ピクセルまで狭まってしまう．この 27 × 27 ピクセルの視野で画像を見ると，図3 (d) のようになる．図のように狭い視野の情報では，視野内に何が写っているのかを判断することは困難である．このように，CNN の設計では特徴マップの解像度の高さと受容野の広さの双方が必要であり，これらをうまく両立させることが重要となる．

## 1.3　畳み込み層の欠点

受容野の観点から見た畳み込み層の欠点は，遠くのピクセルどうしで情報をやりとりできないことである．畳み込み層だけで受容野を広げるためには層を何層も重ねる必要があり，ネットワークが必要以上に深くなってしまう．カーネルサイズを大きくすることでも受容野を広げることができるが，パラメータの数はカーネルサイズの2乗に比例して増えていくため，やはりネットワーク

サイズの肥大化が避けられない[2]。VGG16 をはじめとする多くの CNN モデルではプーリング層により受容野を広げているが，プーリング層を使うと今度は特徴マップの解像度が下がってしまうという問題が発生する。つまり，畳み込み層とプーリング層の組み合わせでモデルを設計しようとすると，解像度の高さと受容野の広さはトレードオフの関係になってしまうのである。

解像度と受容野の両立は，セマンティックセグメンテーションや物体検出といった，シーンの構造を理解するタスクにおいて主要なテーマの1つであり，盛んに研究が行われている。これまでの研究は，畳み込み自体を改良することで欠点を克服するものと，ネットワーク構造の工夫によって解決しようとするものに大別できる。畳み込み層の改良として代表的な手法に，Dilated Convolution [3] と Deformable Convolution [4] がある。図5にこれらの手法を，畳み込み層，プーリング層と比較して示す。Dilated Convolution は，図5 (c) のように間隔を空けた特殊なカーネルを用いて畳み込みを行う手法である。間隔を空ける幅は膨張率（dilation rate）と呼ばれるハイパーパラメータによって調整され，大きな膨張率を用いることで，より遠くの情報を取り込むことができる。図5 (b) のプーリング＋畳み込みと比較するとわかるとおり，ダウンサンプルをせずとも離れた位置の情報を得ることができるため，受容野が広く，かつ高解像度な特徴の抽出が可能となる。Deformable Convolution [4] は Dilated Convolution をさらに発展させ，カーネルのサンプリング位置をずらすオフセットを入力特徴量から多層パーセプトロン（multi-layer perceptron; MLP）によって決定する（図5 (d)）。自分がもっている特徴をもとに，どの位置の特徴を取り込むべきかを決めるため，カーネルの間隔が固定である Dilated Convolution よりも適応的で柔軟な処理が可能である。

ネットワーク構造によって解決するアプローチの1つに，エンコーダ–デコーダ型の構造がある。この構造では，エンコーダで徐々に解像度を下げて受容野を拡大し，続くデコーダで徐々に特徴マップの解像度を上げていく構造が用い

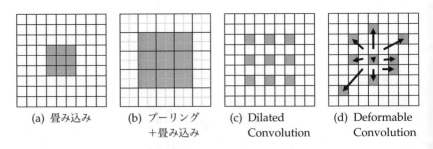

| (a) 畳み込み | (b) プーリング ＋畳み込み | (c) Dilated Convolution | (d) Deformable Convolution |

図5　一般の CNN モデル (a), (b) と，畳み込みの改良手法 (c), (d) の受容野の比較

られる。U-Net [5] や RefineNet [6] では，エンコーダの浅い層にある高解像度の中間特徴をデコーダ側で解像度を回復する際のガイドとして再利用する技術（スキップ接続; skip connection）が使われている。ネットワーク構造を工夫する別のアプローチとして，複数の解像度の特徴を活用する手法も研究されている。HRNet [7] では高解像度特徴と低解像度特徴を並行して抽出していく構造を提案し，物体検出やセマンティックセグメンテーションといったタスクで高い認識精度を達成している。また，PPM [8] や ASPP [9] は，複数スケールの特徴を抽出し結合することで特徴のピラミッドを構築し，大幅に受容野を拡大する手法である。さらに，注意機構（attention mechanism）によって受容野を拡大するアプローチでは，特徴どうしの相関を用いて特徴マップ全体から情報を集約する手法も提案されている [10, 11]。

上記のように，近年の CNN モデルでは，解像度と受容野を両立するためのさまざまな手法が提案されているが，これらに共通する問題点として計算コストがある。高解像度の特徴マップに畳み込みを適用するには高い計算コストを要する上に，特徴マップを保持するためのメモリ消費量も増大してしまう[3]。そのため，高解像度特徴を扱う高精度なモデルほど学習や推論に時間がかかり，メモリ消費量も大きくなる傾向にある。グリッド状の特徴表現を用いる以上，高解像度の情報を扱うには計算コストの増大は避けられない問題である。次節では，解像度・受容野・計算コストという 3 つの要求を同時に満たすことができる新たなアプローチとして，グリッドによらない特徴表現について解説する。

[3] 計算コストとメモリ消費量は，解像度の 2 乗に比例して増加する。

## 2　非グリッド表現の活用

近年，畳み込みの問題への異なるアプローチとして，非グリッド特徴を活用する手法が登場している。以下では，非グリッド特徴を用いることで，計算コストを抑えながら解像度と受容野の両立が可能になることを説明し，具体的な手法として Heterogeneous Grid Convolution（HG-Conv）[12] と呼ばれる畳み込み手法を紹介する。

### 2.1　なぜ非グリッド特徴が必要か？

畳み込みの問題は，シーンを一様なグリッド状の特徴を用いて表現しようとすることから来ている。このことを図 6 (a) に示すようなシーンを例に考えてみよう。このシーンは，画面内の場所によって意味的な情報量に偏りがある。たとえば，画面手前の領域のほとんどは道路や歩道である一方，画面奥には歩行者や車，建物など，さまざまなものが狭い範囲に写っている。

このように情報量の分布に濃淡が存在するシーンを，図 6 (b) のように一様な

  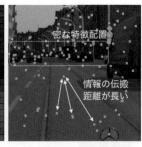

(a) 画像とラベル　　　　　(b) グリッド特徴表現　　　　　(c) 非グリッド特徴表現

図 6　グリッド特徴によるシーン表現と非グリッド特徴によるシーン表現の比較。画像は Cityscapes [1] より借用した。

グリッドで表現すると，次のような問題が発生する。まず，密度の濃い領域ではグリッドの解像度が足りず，情報の損失が起きる。情報の損失を避けるために特徴の解像度を上げると，密度の薄い領域では冗長な特徴が多くなり，計算コストの上で無駄が多い。加えて，前節で述べたように，受容野を広げるために特殊な畳み込みカーネルを用いたり，複数の解像度の特徴量を組み合わせたりする必要が出てくる。

　これに対して，非グリッド特徴のアイデアは，図 6 (c) のように必要なところに必要なだけ特徴を配置することで，効率的なシーンの表現を可能にする。密度の濃い領域では，特徴量を多く配置することで情報損失を防ぎ，密度の薄い領域では，特徴量を少なく配置することで計算コストを抑える。それだけではなく，冗長な特徴がなくなることで特徴間の情報の伝搬距離を稼ぎ，受容野を効率的に広げることができる。このように，特徴表現を非グリッドにすることで，解像度と受容野を両立しつつ計算コストも抑えることができるのである。

## 2.2　Heterogeneous Grid Convolution

　では，非グリッド特徴を用いた手法とは，具体的にどのようなものだろうか。ここでは，文献 [12] で提案された HG-Conv と呼ばれる手法を紹介する。HG-Conv は，図 7 のように Pooling-Step, Convolution-Step, Unpooling-Step の 3 つのステップで構成される。

　Pooling-Step では入力特徴に対してクラスタリングを行い，特徴マップを複数のグループに分割する。次に，グループごとに特徴量の平均を計算することでプーリングを行い，グループ特徴ベクトルを出力する。通常のプーリング層とは異なり，特徴の類似性に基づいてグループに分割されるため，出力される特徴は，図 8 に示すように情報の濃淡を反映した非グリッドな特徴となる。次に，

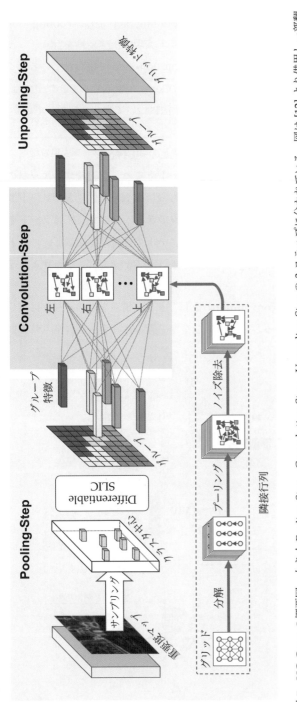

図7 HG-Conv の概要図。大きく Pooling-Step, Convolution-Step, Unpooling-Step の 3 ステップに分かれている。図は [12] より借用し一部翻訳した。

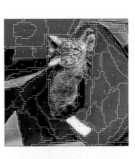
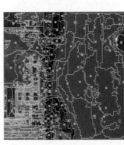

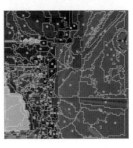

図 8 Pooling-Step によって得られたクラスタ領域の可視化

Convolution-Step では，Pooling-Step によって抽出された非グリッド特徴に対し，Direction-aware Graph Convolution と呼ばれる特殊なグラフ畳み込みを用いて，さらに情報抽出を行う。最後に，Unpooling-Step では，Pooling-Step の逆変換を行うことで非グリッド表現をグリッド表現に戻す変換を行う。

HG-Conv の中でコアとなる技術は，Convolution-Step で使われているグラフ畳み込み手法である Direction-aware Graph Convolution である。以下では，グラフ畳み込みの基本を説明した後に，この手法について詳しく解説していく。

## 2.3 グラフ畳み込みの基本と画像への応用上の問題点

一般にグラフとは，図 9 に示すように，ノードとそれらを接続するエッジの集合によって定義される。グラフはノードがもつ特徴 $X \in \mathbb{R}^{N \times D}$ と，ノード間のエッジを定義する隣接行列 $A \in \mathbb{R}^{N \times N}$ で表現できる。ここで，$N$ はノードの個数，$D$ は特徴の次元数である。隣接行列はノードの接続関係を表し，ノード $i, j$ が接続されているときに $A_{ij} = 1$，接続されていないときに $A_{ij} = 0$ となる行列である[4]。

グラフ畳み込み（graph convolution）とは，グラフ構造をもつデータに対する畳み込み手法のことである。多種多様なグラフ畳み込み手法が提案されてい

[4] 隣接行列の各要素の値は 0 か 1 に限定されず，重み付きエッジを考える場合は実数値をとる。

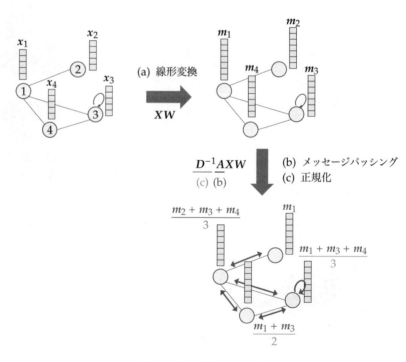

図 9　グラフ畳み込みの基本

るが，中でも広く用いられているのは，以下の式に示す Kipf & Welling [13] の
手法である[5]。

$$Z = D^{-1}AXW \tag{1}$$

[5] Kipf & Welling [13] では $D^{-1/2}AD^{-1/2}XW$ であるが，ここでは $D^{-1}$ を左から掛けている。

ここで，$W$ は重みパラメータであり，$D$ は次数行列（degree matrix）と呼ばれる $D_{ii} = \sum_j A_{ij}$ で計算できる対角行列である。この式は，厳密にはスペクトルグラフ理論から近似を用いて導かれるものであるが，ここではより直観的な理解のために，メッセージパッシング（message passing）としてこの式を説明する。図9に従って説明すると，グラフ畳み込みは以下のような操作となる。

(a) 各ノードで重みパラメータ $W$ を用いて特徴の線形変換を行い，メッセージを生成する（$XW$）。

(b) エッジが繋がっているノードどうしでメッセージの交換を行い，ノードごとに受け取ったメッセージを足し合わせる（$AXW$）。

(c) 各ノードに接続されているエッジ数で割ることで正規化する（$D^{-1}AXW$）。

つまり，ここでのグラフ畳み込みとは，線形変換を行った特徴をエッジに従って伝搬して足し合わせる操作であると大まかに理解できる。

HG-Conv 以前の非グリッド系の手法 [14, 15] では，非グリッド特徴に対して全結合のグラフを構築し，上記のグラフ畳み込みを行っていた。しかし，グラフ畳み込みには，画像に適用しようとした際にノードの空間的な配置関係を考慮できないという欠点がある。グラフによる特徴表現においては，ノード間の関係性は隣接行列のみによって記述されるため，ノード間の接続の有無とその強さしか表現できない。したがって，あるノードから見て別のノードが空間的にどのような位置関係にあるのかは認識できないのである。そのため，非グリッド特徴にグラフ畳み込みを適用しただけでは，グリッドの畳み込みのような空間的な情報抽出はできない。実際に，過去の研究 [14, 15] ではグラフ畳み込みはグリッドの畳み込みを補助する目的で使われており，グリッドの畳み込みを代替するものとしては使われていなかった。

## 2.4 Direction-aware Graph Convolution

HG-Conv のコア技術は，Direction-aware Graph Convolution と呼ばれる特殊なグラフ畳み込み手法である。この手法はグリッドの畳み込みをグラフに拡張し，グラフ特徴表現の上で空間的な情報抽出を可能にしたものである。これにより，既存の CNN のグリッド畳み込み層の代替として，非グリッド層を使うことができるようになる。

まずは Direction-aware Graph Convolution を理解する前準備として，3×3

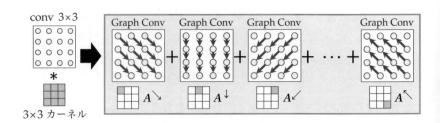

図 10　conv 3 × 3 のグラフ畳み込みを使った解釈

の畳み込みがグラフ畳み込みの組み合わせで表現できることを見ていく。図 10 のように，入力の特徴マップに 3 × 3 の畳み込みを適用することを考える。このとき，3 × 3 のカーネルの各位置にある 9 つの重みパラメータの役割を考えてみる。すると，左上の重みパラメータは左上から右下のノードへのメッセージ，上の重みパラメータは上から下のノードへのメッセージといった具合に，9 か所の重みパラメータが対応する 9 方向のメッセージパッシングを行っていると捉えることができる。いま，グラフ畳み込みはメッセージパッシングであることを見たため，これを言い換えると，3 × 3 の畳み込みが 9 方向の異なるグラフ畳み込みの組み合わせに分解できるということになる。

　このことを，式を用いて順に説明していく。まず，重みパラメータ $W$ を以下のように 9 か所の重みパラメータに分解する。

$$W = \{W_\delta \mid \delta \in \Delta\} \tag{2}$$

ここで，$\Delta$ は 3 × 3 グリッドの各位置を中心から見たときのベクトルを表し，$\Delta = \{\leftarrow, \rightarrow, \uparrow, \downarrow, \nwarrow, \nearrow, \swarrow, \searrow, \circlearrowleft\}$ である。すると，特徴マップ内の座標 $p$ における 3 × 3 の畳み込みは，以下の式で表せる。

$$\overrightarrow{z_p} = \sum_{\delta \in \Delta} \overrightarrow{x_{p-\delta}} W_\delta \tag{3}$$

ここで，$\overrightarrow{x_{p-\delta}} W_\delta$ は，位置 $p - \delta$ から $p$ への $\delta$ 方向のメッセージパッシングになっていることに注意しよう。畳み込み層では，上式の計算をすべての座標 $p$ について実行する。ここで，$\overrightarrow{x_{p-\delta}} W_\delta$ をすべての座標 $p$ について計算した結果を $Z_\delta$ とする。すると，$Z_\delta$ の計算は，特徴マップ上のすべての位置において $\delta$ 方向のメッセージパッシングを行うことに相当するため，図 10 の右の枠内にあるような有向グラフにおけるグラフ畳み込みで表すことができる。つまり，

$$Z_\delta = \left(D^\delta\right)^{-1} A^\delta X W_\delta \tag{4}$$

となる。したがって，3 × 3 の畳み込みは，以下のように方向ごとのグラフ畳み込みの和として書くことができる。

$$Z = \sum_{\delta \in \Delta} \left(D^{\delta}\right)^{-1} A^{\delta} X W_{\delta} \qquad (5)$$

式 (5) を使えば，グリッドの畳み込みを非グリッド入力に対しても自然に拡張することができる．図 10 を入力が非グリッドの場合に書き直すと，図 11 のようになる．非グリッドの場合にも，方向ごとのノードの接続関係 $A^{\delta}$ さえわかっていれば，グリッドと同様の畳み込みが可能になるのである．

では，非グリッドの場合には，$A^{\delta}$ をどのように求めればよいのだろうか．HG-Conv では，図 12 に示すようなシンプルな方法で $A^{\delta}$ を決定している．いま，Pooling-Step によって入力の特徴マップが図中の青色のグループとオレンジ色のグループに分割され，2 つのグループ特徴ベクトルが出力されたとしよう．問題は，この 2 つの特徴の接続関係 $A^{\delta}$ をどのように決めるかである．HG-Conv では図 12 にあるように，もとのグループ領域の境界部分がもっていた接続を足し合わせたものを計算して，グループ特徴どうしの接続関係 $A^{\delta}$ としている．図の場合は，青からオレンジに対して，左方向と右下方向に強い接続（矢印 3 本分）をもっていることになる．この方法で実際の画像において隣接関係を求めた結果を図 13 に示す．

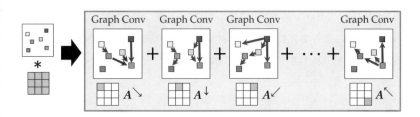

図 11　入力が非グリッドである場合に畳み込みを拡張する Direction-aware Graph Convolution

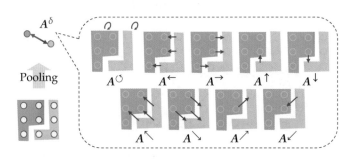

図 12　非グリッド特徴の隣接行列の計算方法

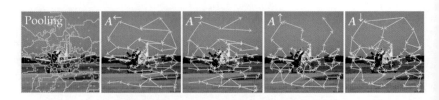

図 13　実際の画像における隣接行列の可視化結果

## 2.5　セマンティックセグメンテーションへの応用例

　ここでは，セマンティックセグメンテーションのタスクへの HG-Conv の応用例を紹介する。文献 [12] では，ResNet101 を用いたセグメンテーションモデルをベースにし，ResNet の 4 番目のステージを HG-Conv に交換したモデル（HGResNet）を提案している。具体的には，図 14 のようにステージ 4 の入り口で Pooling-Step を適用して非グリッド特徴を構築し，ステージ内部の畳み込みをすべて Direction-aware Graph Convolution に交換することで，ステージ 4 内の処理をすべて非グリッド特徴で行う。最後にステージ 4 の出口で Unpooling-Step を適用してグリッド特徴に戻し，出力部を通してセグメンテーション結果を得る。

　ステージ 4 においてシーンを表現するのに必要な特徴の数を比較すると，通常の ResNet が 8,100 であるのに対し，HGResNet では 128[6] であり，非グリッドの特徴配置によって冗長な特徴を省くことで，特徴数の大幅な削減が可能になっていることがわかる。図 15 に Cityscapes データセットでの実験の結果を

[6] 入力画像サイズが 713×713 の場合で比較。

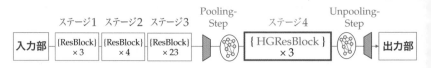

図 14　HGResNet の構造

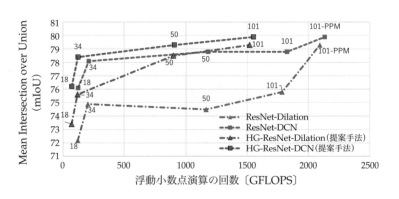

図 15　Cityscapes データセットにおける実験結果

示す。非グリッド特徴によるコンパクトな表現によって計算コストを大幅に削減できるだけではなく，受容野の拡大によって精度も改善できることがわかる。

## 3　Vision Transformer とグラフ畳み込みの関連性

近年盛り上がりを見せている技術に，Vision Transformer [16] がある。Vision Transformer とは，自然言語処理の分野で提案されたモデルである Transformer [17] を画像認識に応用したモデルである。本節では，最初に Transformer のコアとなる技術である自己注意機構について解説する。次に，Transformer はグラフ畳み込みとして解釈すると，従来の畳み込みの延長として理解できることを説明する。最後に，HG-Conv の発展として，Transformer の非グリッド特徴への応用について議論する。

### 3.1　自己注意機構（self-attention）

Vision Transformer は，Transformer 層を基本的な構成要素としたネットワーク構造である。第 1 層目では入力画像を低解像度の特徴マップに変換し，続く層では Transformer 層を多層に重ねて処理する。Transformer 層は大きく分けて，前半の自己注意機構と後半の多層パーセプトロン（MLP）からなっている。ここでは，Transformer のコア技術である自己注意機構について説明する。

自己注意機構では，MLP を用いて入力の特徴量 $X \in \mathbb{R}^{N \times d_{\mathrm{in}}}$ からクエリ（$Q$），キー（$K$），バリュー（$V$）の 3 種類の値が以下のように計算される。

$$Q = XW_q, \quad K = XW_k, \quad V = XW_v \tag{6}$$

次に，クエリとキーを照合することで，特徴量のすべてのペアについて注意重み行列 $A \in \mathbb{R}^{N \times N}$ を計算し，バリューに注意重みを掛けることで出力 $Z \in \mathbb{R}^{N \times d_{\mathrm{out}}}$ を得る。

$$A = \mathrm{softmax}\left(\frac{QK^T}{\sqrt{d_{qk}}}\right) \tag{7}$$

$$Z = AV \tag{8}$$

ここで，$d_{qk}$ はクエリ，キーの特徴の次元数である。自己注意機構の優れているところは，入力特徴の全体から必要な情報を取捨選択して伝搬できることである。注意重み行列 $A$ はすべての特徴のペアについて計算されるため，近傍に限らず特徴マップ内のすべての特徴間で情報をやりとりすることができる。そして，どこの情報を伝搬するかは，クエリとキーの一致度によって適切に制御されるのである。近傍の情報しか伝搬できないという畳み込みの弱点を思い出すと，自己注意機構は受容野の問題をうまく解決できる手法といえる。

### 3.2 Transformer のグラフ畳み込みとしての解釈

ここでは，上記の自己注意機構の処理をグラフ畳み込みを通して解釈してみる。これにより，ここまで見てきた畳み込み，HG-Conv, Transformer を統一的に捉えることができることを示す。

まず，式 (6), (8) を合わせると，自己注意機構は以下のように書ける[7]。

$$Z = D^{-1} A X W_v \tag{9}$$

式 (9) はまさにグラフ畳み込みの式 (1) と同じになっていることがわかる。式 (9) が一般的なグラフ畳み込みと異なる点は，グラフの隣接行列 $A$ が固定ではなく，特徴量の相関によって動的に計算される点である。つまり，Transformer は注意機構によって動的にエッジを張るグラフ畳み込みと見なすことができる。

Transformer をグラフ畳み込みによって解釈すると，Transformer において自己注意機構がマルチヘッドであることの意味について，1 つの見方ができるようになる。2.3 項で見たように，グラフ畳み込みにはノードの空間的な配置関係を認識する機構が備わっていない。したがって，式 (9) のようにシングルヘッドの自己注意機構では空間的な情報抽出ができないのである。これに対して，式 (9) をマルチヘッドにすると，以下の式のようになる。

$$Z = \underset{\eta \in \mathcal{H}}{\mathrm{concat}} \left( (D^\eta)^{-1} A^\eta X W_v^\eta \right) \tag{10}$$

ここで，$\eta \in \mathcal{H}$ はヘッドのインデックスである。上の式は畳み込みの式 (5) とほとんど同じ形をしている[8]。このことから，Transformer におけるマルチヘッド自己注意機構は，畳み込みや HG-Conv と同様に複数のグラフ畳み込みの組み合わせと捉えることができ，空間的な情報抽出を行う上で必要不可欠な機構であることがわかる[9]。

ここまでの議論により，畳み込みから Transformer に至るまでの操作は，本質的には (1) 特徴を線形変換してメッセージを生成し，(2) 特徴間でメッセージの交換を行う，という 2 段階の操作として整理できる。各手法で異なるのは，メッセージを伝搬する相手をどう決めるか，すなわち隣接行列 $A$ をどう決めるかである。この観点から各手法を整理した結果を表 1 にまとめる。表のように整理すると，畳み込みから，Dilated Convolution, Deformable Convolution, Transformer への展開は，受容野を広げるために隣接行列 $A$ に自由度をもたせていった一連の流れとして捉えることができる。そして，表の手法の中で隣接行列の自由度が最も高いのが Transformer である。たとえば，注意機構によって近傍のノード間にエッジが張られれば，Transformer はグリッドの畳み込みに近い処理を表現することにもなる[10]。つまり，Transformer は畳み込みを包含する，自由度がより高い操作と見ることができる。

[7] $A$ は softmax 関数を適用した結果であるため，$D_{ii} = \Sigma_j A_{ij} = 1$，すなわち $D^{-1} = I$ であることに注意。

[8] 複数のグラフ畳み込みの統合方法が和ではなく特徴の結合 (concat) である点を除いて，同じ形をしている。

[9] Transformer において，ノード間の空間的な位置関係は位置符号化を通して注意重みの計算に反映されている。

[10] グラフ畳み込みの結果を和ではなく concat している点のみが異なる。

表 1　各手法の隣接行列の決定方法と非グリッド入力の可否

| | メッセージパッシングの相手 | 非グリッド入力 |
|---|---|---|
| Conv. | 近傍の特徴 | × |
| Dilated Conv. | 一定距離離れた近傍特徴 | × |
| Deformable Conv. | 自分の特徴をもとに決定 | × |
| HG-Conv | クラスタ領域の形状をもとに決定 | ○ |
| Transformer | 自分の特徴と相手の特徴を照合して決定 | ○ |

### 3.3　Transformer と非グリッド特徴

このように高い柔軟性をもつ Transformer であるが，その欠点の 1 つは，特徴マップが高解像度になると計算コストが爆発的に増加するという点である。自己注意機構の計算ではすべてのピクセル間でクエリとキーの内積計算を行うので，Transformer の計算コストは解像度の 4 乗に比例して増大してしまう。したがって，解像度が重要となる物体検出やセマンティックセグメンテーションのようなタスクでは，自己注意機構の計算コストが増大しないように工夫が加えられている [18, 19]。これらの工夫は，隣接行列 $A^\eta$ に何らかの制約を加えるものとして捉えることができる。たとえば Swin Transformer [18] は，ローカルウィンドウをまたいでエッジが張られないように制約を加えることで，高解像度の特徴マップでも計算コストが爆発しないように工夫している。それとは逆に，MobileViT [19] は，ローカルウィンドウ内部を通常の畳み込み層で処理し，Transformer 層ではローカルウィンドウ間で対応する位置にある特徴間にのみエッジが張られるように制約を加えている。

こういったアプローチとは別に，非グリッド特徴と Transformer の組み合わせは，計算コストの問題への解決策になりうる。先に見たように，非グリッド特徴であれば，グリッドよりも圧倒的に少ない特徴の数で効率的にシーンを表現することができる。加えて，Transformer において隣接行列 $A$ の計算は，クエリとキーの相関のみによって決まるため，入力データの構造はグリッドに制限されず，非グリッドのデータとの相性が良い。

## 4　おわりに

表 2 に，本稿で登場した畳み込み手法を，解像度・受容野・計算コストの 3 つの観点で整理する。このように整理すると，畳み込みから Transformer までの発展によって解像度と受容野の両立が達成されてきた一方で，計算コストが増大してきたことがわかる。本稿で解説した非グリッド特徴を用いた畳み込み手法は解像度と受容野の問題に別解を与えるものであり，画像内の情報の分布に応じたコンパクトな表現を活用することで，解像度・受容野・計算コストの 3 つの要求

表 2 解像度・受容野・計算コストの観点から整理した各手法の特性

| | 解像度 | 受容野 | 計算コスト |
|---|:---:|:---:|:---:|
| 畳み込み | ○ | × | △ |
| 畳み込み＋プーリング | × | ○ | ○ |
| Dilated Conv. | ○ | ○ | △ |
| Deformable Conv. | ○ | ○ | △ |
| HG-Conv | ○ | ○ | ○ |
| Vision Transformer | ○ | ◎ | × |
| Vision Transformer ＋非グリッド特徴 | ○ | ◎ | ○ |

を同時に満たすことができる。さらに，非グリッド特徴と Transformer の組み合わせは，より強力な手法となる可能性がある。3 節で見たように Transformer は本質的にはグラフ畳み込みであるため，非グリッド特徴との相性が良い。今後は Transformer との組み合わせによって，非グリッド特徴による画像認識手法がさらに発展していくことが期待される。

## 参考文献

[1] Marius Cordts, Mohamed Omran, Sebastian Ramos, Timo Rehfeld, Markus Enzweiler, Rodrigo Benenson, Uwe Franke, Stefan Roth, and Bernt Schiele. The Cityscapes Dataset for Semantic Urban Scene Understanding. In *CVPR*, 2016.

[2] Karen Simonyan and Andrew Zisserman. Very Deep Convolutional Networks for Large-Scale Image Recognition. In *ICLR*, 2015.

[3] Fisher Yu and Vladlen Koltun. Multi-Scale Context Aggregation by Dilated Convolutions. In *ICLR*, 2016.

[4] Jifeng Dai, Haozhi Qi, Yuwen Xiong, Yi Li, Guodong Zhang, Han Hu, and Yichen Wei. Deformable Convolutional Networks. In *ICCV*, 2017.

[5] Olaf Ronneberger, Philipp Fischer, and Thomas Brox. U-Net: Convolutional Networks for Biomedical Image Segmentation. In *MICCAI*, 2015.

[6] Guosheng Lin, Anton Milan, Chunhua Shen, and Ian Reid. RefineNet: Multi-Path Refinement Networks for High-Resolution Semantic Segmentation. In *CVPR*, 2017.

[7] Jingdong Wang, Ke Sun, Tianheng Cheng, Borui Jiang, Chaorui Deng, Yang Zhao, Dong Liu, Yadong Mu, Mingkui Tan, Xinggang Wang, Wenyu Liu, and Bin Xiao. Deep High-Resolution Representation Learning for Visual Recognition. *TPAMI*, 2020.

[8] Hengshuang Zhao, Jianping Shi, Xiaojuan Qi, Xiaogang Wang, and Jiaya Jia. Pyramid Scene Parsing Network. In *CVPR*, 2017.

[9] Liang Chieh Chen, George Papandreou, Iasonas Kokkinos, Kevin Murphy, and Alan L. Yuille. DeepLab: Semantic Image Segmentation with Deep Convolutional Nets, Atrous Convolution, and Fully Connected CRFs. *TPAMI*, Vol. 40, No. 4, pp. 834–848, 2018.

[10] Yuhui Yuan and Jingdong Wang. OCNet: Object Context Network for Scene Parsing. *CoRR*, 2018.

[11] Yuhui Yuan, Xilin Chen, and Jingdong Wang. Object-Contextual Representations for Semantic Segmentation. In *ECCV*, 2020.

[12] Ryuhei Hamaguchi, Yasutaka Furukawa, Masaki Onishi, and Ken Sakurada. Heterogeneous Grid Convolution for Adaptive, Efficient, and Controllable Computation. In *CVPR*, 2021.

[13] Thomas N. Kipf and Max Welling. Semi-Supervised Classification with Graph Convolutional Networks. In *ICLR*, 2017.

[14] Yin Li and Abhinav Gupta. Beyond Grids: Learning Graph Representations for Visual Recognition. In *NeurIPS*, 2018.

[15] Yunpeng Chen, Marcus Rohrbach, Zhicheng Yan, Shuicheng Yan, Jiashi Feng, and Yannis Kalantidis. Graph-Based Global Reasoning Networks. In *CVPR*, 2019.

[16] Yulin Wang, Rui Huang, Shiji Song, Zeyi Huang, and Gao Huang. Not All Images Are Worth 16x16 Words: Dynamic Transformers for Efficient Image Recognition. In *NeurIPS*, 2021.

[17] Ashish Vaswani, Noam Shazeer, Niki Parmar, Jakob Uszkoreit, Llion Jones, Aidan N. Gomez, Lukasz Kaiser, and Illia Polosukhin. Attention Is All You Need. In *NeurIPS*, 2017.

[18] Ze Liu, Yutong Lin, Yue Cao, Han Hu, Yixuan Wei, Zheng Zhang, Stephen Lin, and Baining Guo. Swin Transformer: Hierarchical Vision Transformer Using Shifted Windows. In *ICCV*, 2021.

[19] Sachin Mehta and Mohammad Rastegari. MobileViT: Light-Weight, General-Purpose, and Mobile-Friendly Vision Transformer. In *ICLR*, 2022.

はまぐち りゅうへい（産業技術総合研究所）

# フカヨミ 一般化ドメイン適応
## 多様な派生問題をまとめて解決！

■三鼓悠

## 1 はじめに

　深層学習はさまざまな分野において目覚ましい成果を残しており，すでに私たちが日常的に利用するアプリケーションにも，深層学習技術が利用されているものが多くあります。深層学習を筆頭に機械学習を基盤とするこれらのシステムは，構築時に膨大な量のクラス教師あり訓練データを必要とします。機械学習システムは，システムの構築時に利用する訓練データと運用時に入力される対象データが同じ環境（ドメイン）で収集された場合には，高い性能を発揮することができますが，訓練データと対象データのドメインが異なる場合（例：自動運転における日中と夜間の車載カメラ映像）には，著しく性能を落としてしまうことがよくあります。これはドメインシフト問題と呼ばれます。ある機械学習システムを運用するすべてのドメインをシステムの構築時に把握することは極めて困難なので，ドメインシフト問題をいかにして軽減するかは，機械学習技術を利用する上で避けられない重要な課題であり，数多くの研究が取り組まれています。その解決方法の 1 つに，教師なしドメイン適応（unsupervised domain adaptation; UDA）と呼ばれる有名な技術があります。UDA は，訓練ドメイン（ソースドメイン）の教師ありデータから学習した知識を，対象ドメイン（ターゲットドメイン）のデータにうまく適用することによって，ドメインシフト問題を克服し，対象ドメインのデータに対して高い性能を発揮できるモデルを獲得することを目的としています。特に，UDA ではターゲットドメインのクラスラベルを必要とせず，モデルを新たな環境に適用する場合のデータ収集コストを大幅に削減できることから，実用面からも期待が寄せられています。

　一方で，UDA の活用が望まれる現実の問題は，しばしば複雑な問題となっています。最も一般的な UDA の枠組みでは，ソースドメインとターゲットドメインがそれぞれ単一のドメインからなり，各ドメインには同一の対象が含まれていることを想定します。しかし，現実の問題はこの枠組みから逸脱することが多いため，近年はこの想定を緩和し，現実の問題に即したさまざまな派生問題

を研究する傾向にあります。たとえば，ソースドメインまたはターゲットドメインが，単一のドメインではなく複数のサブドメインによって構成されていることを想定した問題として，Multi-Source Domain Adaptation（MSDA）[1] やMulti-Target Domain Adaptation（MTDA）[2][1] が提案されました。また，別の派生問題として，それぞれのドメインに他のドメインには含まれないクラスのデータが存在する[2] ことを想定する Open-Set Domain Adaptation（OSDA）[3]や Partial Domain Adaptation（PDA）[4] などが提案されました。加えて，これらの派生問題からさらに派生した問題に取り組んだ研究も発表されています。

　この UDA の派生問題を対象とする近年の研究では，基本的にそれぞれの派生問題は独立した問題として扱われ，手法も個別に提案されてきました。しかし，これらの提案手法は，対象としている派生問題以外の問題に対しては有効でない場合が多くあります。したがって，現実の問題に対してこれらの手法を適用する際は，対象の問題がどの派生問題に該当するかを把握し，適切な手法を選択する必要があります。しかしながら，事前に問題の性質を把握できることは稀であり，実際には数多の手法のうちどれが有効であるか，試行錯誤して探ることになります。加えて，現実の問題には，複数の派生問題が複合したものも多く存在します。その場合，単一の派生問題を対象とした手法では，どれを選んでもその複合問題を解決できません。

　これらの問題を解決すべく CVPR2021 で筆者らが提案したのが，本稿のメイントピックである一般化ドメイン適応（generalized domain adaptation; GDA）[14] です。GDA は，UDA の主要な派生問題のすべてと，従来の研究では着目されなかった新しい UDA の派生問題を統一的に表現できる枠組みを提案しています。この枠組みのもとで手法を構築することによって，UDA のほとんどすべての問題において，有効な手法が得られます。GDA の表現方法の特徴は，従来の UDA がドメインごとにクラスラベルの有無を定めるドメインベースの考え方であるのに対して，サンプルベースごとにクラスとドメインそれぞれにラベルの有無を定めるサンプルベースの考え方を導入していることです。文献[14] では，このサンプルベースの考え方に基づき，GDA の手法を構築しています。

　本稿では，教師なしドメイン適応（UDA）と，派生問題に対する近年の研究動向，そして一般化ドメイン適応（GDA）について解説します。まず，2 節では，UDA の基礎知識と，UDA 派生問題について説明します。続いて，3 節と4 節では，GDA とその解決手法について解説します。最後に，5 節では，本稿のまとめと今後の研究の展望について述べます。

[1] 自動運転などに利用される車載映像を例に挙げるならば，これは，ターゲットドメインが夜間の映像のみ（単一のドメイン）ではなく，雨天の映像，降雪時の映像など（複数のサブドメイン）から構成される状況を表します。

[2] 再度車載映像を例に挙げるならば，たとえばレインコートを着た人物は雨天の映像に頻繁に出現する一方で，晴天の映像にはほとんど出現しないことを指します。

## 2 教師なしドメイン適応（UDA）

### 2.1 基礎知識

UDA では，ソースドメインの教師ありサンプル $\mathcal{S} = \{(x_i^s, y_i^s)\}_{i=1}^{N_s}$ とターゲットドメインの教師なしサンプル $\mathcal{T} = \{x_i^t\}_{i=1}^{N_t}$ が与えられます。ここで，2つのドメインのデータ分布が異なることに留意してください。UDA の目的は，$\mathcal{S}$ と $\mathcal{T}$ を用いて，$\mathcal{T}$ の正しいクラスラベルを予測できるようにモデル $F$ を訓練することです。

UDA の最もポピュラーなアプローチでは，特徴抽出器 $G_f$ とクラス識別器 $F_y$ から構成されるモデル $F = G_f \circ F_y$ を用います。$G_f$ は入力データの特徴空間 $\mathcal{F}$ における特徴量を抽出し，$F_y$ は抽出された特徴量を入力として，入力データに対する予測を出力します。モデルの学習では，$F$ について，$\mathcal{S}$ を用いて教師あり学習をするのと同時に，$G_f$ について，$\mathcal{S}$ と $\mathcal{T}$ の $\mathcal{F}$ における分布が近くなるようにします。学習の仕組みについて，図1を用いて説明します。図1 (a) のように，$\mathcal{S}$ によって学習したモデルは，$\mathcal{S}$ のデータについてはクラス A とクラス B を正しく識別できますが，ドメインシフトの影響によって，$\mathcal{T}$ のデータについては正しく識別できず，クラス B のサンプルの一部をクラス A のサンプルとして誤識別することがあります。ですが，図1 (b) のように，$G_f$ を $\mathcal{S}$ と $\mathcal{T}$ の $\mathcal{F}$ における分布が一致するように学習させることで，$\mathcal{S}$ で学習したモデルでも $\mathcal{T}$ のデータを正しく識別できるようになります。ドメイン間の分布を近づけるこのような方法はさまざまなものが提案されており，代表的なものとし

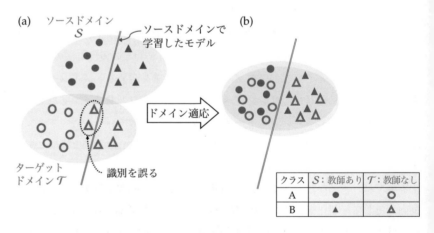

図1　UDA の仕組み。(a) ソースドメイン $\mathcal{S}$ のサンプルで学習したモデルは，$\mathcal{T}$ のサンプルをいくつか誤って識別します。(b) UDA では，$\mathcal{S}$ と $\mathcal{T}$ の特徴空間上での分布が一致するように学習することで，$\mathcal{T}$ のサンプルに対する識別精度を向上させます。

て，分布間の距離を最小化するもの [5]，分布間の統計量の差を最小化するもの [6]，敵対的学習を行うもの [7] などがあります。

## 2.2 教師なしドメイン適応の派生問題

図 2 に示すように，UDA の派生問題は，多ドメインを扱う問題への派生と，未知クラスを扱う問題への派生の 2 つの方向性に大別されます。

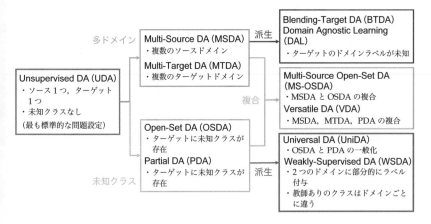

図 2　UDA の派生問題は，大きく分けて多ドメインへの派生と未知クラスへの派生の 2 つに大別されます。また，それらの派生問題から，さらなる派生問題や複合問題が提案されています。

### Multi-Source/Multi-Target DA

標準的な UDA では，ソースドメインとターゲットドメインはそれぞれ単一のドメインで構成されることを想定しますが，現実の問題では，それらのドメインは単一ではなく複数のドメインからなることもあります。このことを無視して UDA の手法を適用すると，最適なモデルが得られないことがあります。このような状況に対応するために，ソースドメインが複数のサブドメインによって構成されている，すなわち，$\mathcal{S} = \bigcup_i \mathcal{S}_i$ となる，Multi-Source DA（MSDA）[1] や，ターゲットドメインが複数のサブドメインによって構成されている，すなわち $\mathcal{T} = \bigcup_i \mathcal{T}_i$ となる，Multi-Target DA（MTDA）[2] が提案されました。MSDA や MTDA では，各データがどのドメインに属するかを表すドメインラベルが既知であることを仮定していますが，それらが未知であることを想定した Blending-Target DA（BTDA）[8] や Domain Agnostic Learning（DAL）[9] と呼ばれる問題も提案されています。

**Open-Set/Partial DA**

標準的な UDA では，ソースドメインとターゲットドメインは互いに同じクラスのデータを含んでいることを仮定します。しかし，実際の問題ではこの仮定が成立しないことが多くあります。たとえば，ターゲットドメインの中にソースドメインには存在しないクラスのデータが存在するケースや，逆にソースドメインのいくつかのクラスが，ターゲットドメインには存在しないケースなど，互いのドメインにとって未知となるクラスが存在するケースがあります。これを無視して UDA の手法を適用すると，未知のクラスのデータを本来とは異なるクラスに識別してしまうなど，望ましくない学習が生じるおそれがあります。これらの問題を解決するために，Open-Set DA（OSDA）[3] や Partial DA（PDA）[4] などの派生問題が研究されています。OSDA では，ターゲットドメインのデータのうち，ソースドメインに存在するクラスのデータは正しく識別し，それ以外のデータは未知クラスとして検出することを目指します。PDA では，ターゲットドメインのデータが，ソースドメイン固有のクラスに誤って識別されないようにすることを目指します。さらに，OSDA，PDA から派生した問題も提案されています。Universal DA（UniDA）[10] は OSDA と PDA を一般化した問題で，ソースドメインとターゲットドメインに存在するクラスに関して特に制約を設けません。Weakly-Supervised DA（WSDA）[11] は OSDA の派生問題で，部分的にラベル付けされた 2 つのドメインのデータから 1 つのモデルを学習させる問題です。ただし，ラベルが与えられるクラスは，それぞれのドメインで異なります。

**複合問題**

現実の問題は，上記の UDA 派生問題のいくつかが複合したものも存在することから，これらの UDA の複合派生問題に取り組んだ研究もいくつか発表されています。Multi-Source Open-Set DA（MS-OSDA）[12] は MSDA と OSDA の複合問題であり，複数のソースドメインのデータから未知クラスを含むターゲットドメインのデータを認識可能なモデルを獲得することを目指す問題です。MSDA，MTDA，PDA の複合問題である Versatile DA（VDA）[13] のように，3 つ以上の派生問題が複合した問題に取り組む研究も存在しています。

## 3　一般化ドメイン適応（GDA）

本節では，メイントピックである GDA について解説し，GDA により既存の UDA 問題がどのように表されるか，GDA から新しい問題が導き出されるかを説明します。まず，GDA の定式化について説明します。

**[GDA の定式化]**　　　以下の組みの集合が与えられているとします。

$$\mathcal{D} = (x, y, d, \delta_y, \delta_d | x \in \mathbb{R}^n, y, d \in \mathbb{N}, \delta_y, \delta_d \in {0, 1})$$

ここで, $x$ は $n$ 次元のデータ, $y$ はクラスラベル, $d$ はドメインラベルであり, $\delta_y$ と $\delta_d$ はそれぞれクラスラベルとドメインラベルが学習時に利用できるか (1), 否か (0) を表すものとします。

GDA では, $\mathcal{D}$ を用いて以下を満たすモデル $F$ を獲得することを目的とします。

$$F(\mathbf{x}) = \begin{cases} y & (y \in \mathcal{L}) \\ \mathrm{UNK} & (y \in C \setminus \mathcal{L}) \end{cases}$$

ここで, UNK は未知クラスを表す記号であり, $C$ と $\mathcal{L}$ はそれぞれ,

$$C = \{y | (\mathbf{x}, y, d, \delta_y, \delta_d) \in \mathcal{D}\}$$
$$\mathcal{L} = \{y | (\mathbf{x}, y, d, \delta_y, \delta_d) \in \mathcal{D}, \delta_y = 1\}$$

を満たすものとします。

$C$ は $\mathcal{D}$ 全体に含まれるクラスの集合を表し, $\mathcal{L}$ はその中でも, 学習時に現れるクラス (既知クラス) の集合を表します。つまり, ドメインとクラスの 2 つの情報をもつデータを入力として受け取ったとき, そのデータのドメインによらず, 既知クラスのデータであれば正しくクラスを識別し, そうでないならば未知クラスとして検出できるモデルを獲得することが GDA の目的です。この定式化の特徴は, サンプルごとにドメインラベルおよびクラスラベルの有無が定められる点にあります。ほとんどの UDA の派生問題では, データはドメインごとに教師あり (ソースドメイン), 教師なし (ターゲットドメイン) に区別されます。この定式化は従来の問題の表し方よりも柔軟であり, 既存の UDA のほとんどすべてをこの式により表現できます。

## 3.1　既存の UDA 問題について

既存の UDA は, 上記の GDA 問題に適切な条件を追加することで表現できます。実際に例を挙げて説明します。まず準備として, ドメインごとのクラスの集合 $C_i$, 既知クラスの集合 $\mathcal{L}_i$, 未知クラスの集合 $\mathcal{U}_i$ を以下のように定義します。

$$C_i = \{y | (\mathbf{x}, y, d, \delta_y, \delta_d) \in \mathcal{D}, d = i\}$$
$$\mathcal{L}_i = \{y | (\mathbf{x}, y, d, \delta_y, \delta_d) \in \mathcal{D}, d = i, \delta_y = 1\}$$
$$\mathcal{U}_i = \{y | (\mathbf{x}, y, d, \delta_y, \delta_d) \in \mathcal{D}, d = i, \delta_y = 0\}$$

**［例1］** 2.1 項で説明した最も標準的な UDA は，次の条件をもつ GDA と見なすことができます。

$$d \in \{1, 2\}$$
$$\forall \delta_d = 1$$
$$\mathcal{L}_1 = C_1, \ \mathcal{U}_1 = \emptyset, \ \mathcal{L}_2 = \emptyset, \ \mathcal{U}_2 = C_\in$$
$$C_1 = C_2 = C$$

実際に 2.1 項の UDA を表現できているかを確認します。まず，1 行目と 2 行目の条件から，各データは 2 つのドメインのうちいずれかに属しています。また，4 行目の条件から，2 つのドメインのうちラベル付きであるのは 1 つのみです。すなわち，2 つのドメインはそれぞれソースドメインとターゲットドメインを表しています。最後に，3 行目の条件から未知クラスは存在しないため，例 1 は 2.1 項の UDA であることがわかります。

他の派生問題も，GDA の 1 つとして定式化可能です。たとえば，MSDA や MTDA は例 1 の 1 行目の条件を $d \in \mathbb{N}$ へ変更することで表現可能であり，OSDA は 4 行目の条件を $C_1 \subset C_2 = C$ へ変更することで表現可能です。他の派生問題の表現については，論文 [14] を参照してください。

### 3.2 新たなドメイン適応問題

3.1 項で確認したように，既存の UDA は，GDA に何らかの条件を与えたものと考えることができます。逆に，既存の UDA に加えられていた条件を取り除いていくことによって，新しい問題を導き出せます。特に，既存の UDA では，少なくとも 1 つのドメインについてはドメインラベルが既知である（$\exists d$ s.t. $\forall \delta_d = 1$）ことが想定されています。これは，既存の UDA がデータをソースドメインとターゲットドメインに区別して扱っていることからもわかります。そこで，ドメインラベルに関する条件を取り除いた問題，すなわちすべてのドメインラベルが完全に未知の問題（$\forall \delta_d = 0$）を考えてみると，これは既存の UDA のいずれにも該当しない新しい問題となります。さらに，以下の条件が加わる場合を考えてみましょう。

**［例2］** すべてのドメインラベルが完全に未知であるのに加え，各ドメインの教師ありクラス集合が互いに異なると，解決が非常に難しい問題となります。

$$\forall \delta_d = 0$$
$$\exists i, j \ \text{s.t.} \ \mathcal{L}_i \neq \mathcal{L}_j$$

この問題では，2つ目の条件によって，特定のドメインに固有のクラスが存在する（$\mathcal{L}_i \setminus \cup_{i \neq j} \mathcal{L}_j \neq \emptyset$）ことが起こり得ます。このとき，その特定のドメインと固有のクラスに望ましくない関連性が生じます。さらに，ドメイン適応のアプローチによってこの望ましくない関連性の影響を軽減することは，1つ目の条件によりドメインラベルが完全に未知であることから難しく，ドメインによらないモデルを獲得することは困難です。実際に論文 [14] では，既存のドメイン適応手法がこの問題に対して有用でないことを実験によって示しています。

## 4　GDA による問題解決

GDA の提案論文 [14] では，前節の例 2 の問題も含むあらゆる GDA 問題を解決する手法として，1) 自己教師あり学習によりすべてのサンプルのドメインラベルを推定し，2) 推定したラベルを利用してドメイン適応学習を行う手法を提案しています。本節では，この 2 段階からなる手法について詳しく説明します。

### 4.1　自己教師あり学習によるドメイン推定

ドメインラベルの推定方法の中で簡単に思い至る方法として，「同じドメインに属する画像は特徴空間上でクラスタを形成する」と仮定し，特徴量クラスタリングを適用することが考えられます。しかし，この仮定は常に成立するわけではなく，同じクラスの画像でクラスタを形成することもあります。そのため，単純にクラスタリングを適用する方法では，正確なドメイン推定は実現できません。

これを回避するための工夫として，提案論文では，自己教師あり学習にクラスの情報を破壊するデータ変形を導入する手法を提案しています。これは，データ中に混在するクラスとドメインの情報から，クラスの情報をなるべく取り除くことで，自己教師あり学習によりドメインを正確に捉えることを目的としています。具体的には，画像に対し，画素ブロックに分割してブロックの位置をランダムに入れ替えるシャッフル変形を施します。画像データにおけるクラスの情報は，対象の形状やパーツの位置関係などに関連するのに対して，ドメインの情報は画像の全体的な明るさや背景の色などに関連します。画像のシャッフル変形によって，対象の形状やパーツの位置関係などのクラスの情報が破壊されるのに対し，画像の明るさや背景の色などのドメインの情報は保存されることから，この変形がクラスの情報を破壊する変形であることがわかります。

図 3 に，ドメイン推定の概要を示します。まず，画像データに対してシャッフル変形を適用し，クラスの情報を破壊したデータを生成します。このデータに対して，2 つの異なるデータ変形を適用することで，同一のデータから生成さ

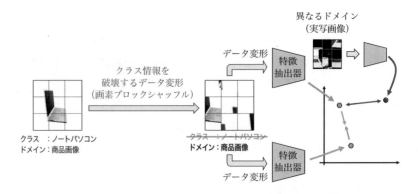

図3　ドメイン推定の概要。画像に対してシャッフル変形を適用することで，ド
メイン情報を保存しつつクラス情報を破壊したデータを生成します。このデー
タに対して異なるデータ変形を適用して生成したデータのペアは，共通のドメ
イン情報を有していることから，このペアに基づき自己教師あり学習を行うこ
とにより，画像のドメイン特徴を捉える特徴抽出器が得られます。

れた画像のペアを得ます。ただし，この2つの異なるデータ変形には，シャッ
フル変形ではなく，ランダムクロップなどの一般的なデータ拡張が用いられる
ことに留意してください。このようにして得られた画像のペアは，シャッフル
変形によりクラス情報を喪失している一方で，もとのデータが同一なのでドメ
イン情報は共通しています。この画像のペアに基づいて自己教師あり学習を行
うと，同じドメインどうしは特徴空間において近づけられ，異なるドメインど
うしは遠ざけられます。その結果，画像のドメイン特徴を捉えた特徴抽出器を
得ることができます。実際の自己教師あり学習は，SimCLR [15] に基づいて行
われます。以上の学習によって得られたドメイン特徴に対して，クラスタリン
グアルゴリズムを適用することで，各画像のドメインが推定できます。

## 4.2　ドメイン適応学習

　ドメインラベルが得られれば，既存のドメイン適応手法と同様のドメイン間
の分布を近づけるアプローチが可能になります。論文 [14] では図4に示すよう
な敵対的学習 [7] ベースの学習手法を提案していますので，本項ではこれにつ
いて説明します。

### ドメイン敵対的学習

　ドメイン敵対的学習に用いるモデルは，クラス特徴抽出器 $G_f$ と，それに連
なるクラス識別器 $F_y$ とドメイン識別器 $F_d$ という3つのネットワークから構成
されます。3つのネットワークはそれぞれ，$G_f$ はドメインに依存しない特徴量
を抽出すること，$F_y$ は $G_f$ が出力する画像の特徴量から画像のクラスを識別す

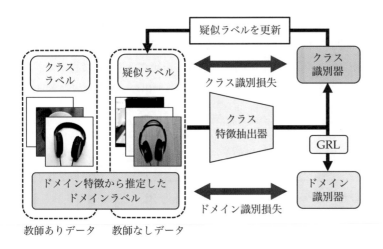

図4 論文 [14] のドメイン適応学習の概要。シャッフル変形を用いた自己教師
あり学習によって得られたドメイン特徴を利用して、ドメイン敵対的学習を行
うことで、ドメインに依存しないモデルが得られます。また、それと同時に、教
師なしデータに対して未知クラスを含む疑似ラベルの付与を行うことで、未知
クラス検出を学習します。

ること、$F_d$ は $G_f$ が出力する画像の特徴量から画像のドメインを識別すること
を目的として学習します。このうち、$F_d$ は $G_f$ が出力する特徴量からドメイン
を識別しようと学習する一方で、$G_f$ は $F_d$ によってドメイン識別ができなくな
るような特徴量を出力するように、互いに敵対的に学習します。この敵対的学
習の進行に伴い、$G_f$ が出力する特徴量は、ドメイン識別が困難になります。こ
れは特徴空間上で各ドメインの分布が識別困難なほど近づいていることを意味
しており、上記の学習でドメイン適応のアプローチが実現できていることがわ
かります。

以上の学習は、以下の目的関数の最適化として表されます。

$$\min_{G_f, F_y} \mathcal{L}_y - \lambda \mathcal{L}_d$$

$$\min_{F_d} \mathcal{L}_d$$

ここで、$\mathcal{L}_y$ は教師ありデータから計算されるクラス識別損失、$\mathcal{L}_d$ はすべての
データとその推定ドメインラベルから計算されるドメイン識別損失です。$G_f$ と
$F_y$ は協調して $\mathcal{L}_y$ を最小化し、クラス識別学習を行います。一方で、$\mathcal{L}_d$ につ
いては、$G_f$ は $\mathcal{L}_d$ を最大化、$F_y$ は $\mathcal{L}_d$ を最小化するように敵対的に学習します。
この学習は、逆伝播時のみ勾配の符号を反転させる、Gradient Reversal Layer
(GRL) [7] と呼ばれる仕組みを $F_d$ の直前に導入することにより、簡単に実装で
きます。

**未知クラス検出**

　GDA 問題の目的は，データのドメインによらず，既知クラスのデータであれば正しくクラスを識別し，そうでないなら未知クラスとして検出できるモデルを獲得することです。ここでは，未知クラス検出の一例として論文 [14] で提案している方法について説明します。

　提案手法では，まず，ドメイン敵対的学習によって学習したモデルの出力に基づき，未知クラスを含む疑似ラベルを教師なしデータに付与し，これを用いてモデルに未知クラス検出を学習させます。ただし，この疑似ラベルは誤りを多く含むため，ラベルとモデルに同時最適化手法 [16] を適用することにより，ラベル誤りの影響を軽減します。

　あるデータ x に対する初期疑似ラベルは，モデル $F$ によって得られるクラス識別尤度のエントロピー $H(y|\mathbf{x})$ を用いて，次のように付与されます。

$$
y = \begin{cases} \text{UNK} & (H(y|\mathbf{x}) > \sigma) \\ \underset{k}{\operatorname{argmax}} \, F(\mathbf{x})[k] & (その他) \end{cases}
$$

この初期疑似ラベル付与は，未知クラスのデータはモデルの予測が曖昧になることからエントロピーが大きくなり，逆に既知クラスのデータはエントロピーが小さくなるという考えに基づいています。この疑似ラベルには，既知クラスに加え，新たに未知クラスのラベルも含まれるため，このラベルを用いることで未知クラス検出も学習できます。ただし，この疑似ラベルは，本来は既知クラスのデータに未知クラスの疑似ラベルが付与されるパターンと，その逆のパターンになる場合があり，データに対する教師としては誤りを多く含むものとなります。そこで，疑似ラベルによってモデル $F$ を学習することと並行して，疑似ラベルを $y = \operatorname{argmax}_k F(\mathbf{x})[k]$ として更新することで，疑似ラベルの誤りの影響を軽減することができます。

## 5　おわりに

　本稿では，教師なしドメイン適応（UDA）の研究動向として，近年数多く提案されている派生問題について解説しました。UDA では，複雑な現実の問題に対応するために，多ドメイン化，未知クラス化の大きく 2 つの方向性で派生問題が考案されました。一般化ドメイン適応（GDA）は，多様化する UDA の派生問題を統一的に扱う枠組みとして提案され，それらに対する汎用的な手法を創出するに至りました。本稿で扱った問題のほかにも，さらに発展した派生問題に取り組む研究 [17, 18] が発表されており，今後もこの動向は継続すると考

えられます。今後さまざまな派生問題に対する検討を通じて，UDA がより実用
的な技術となることが期待されます。

## 参考文献

[1] Han Zhao, Shanghang Zhang, Guanhang Wu, José M. F. Moura, Joao P. Costeira, and Geoffrey J. Gordon. Adversarial multiple source domain adaptation. In *Proc. NeurIPS*, 2018.

[2] Behnam Gholami, Pritish Sahu, Ognjen Rudovic, Konstantinos Bousmalis, and Vladimir Pavlovic. Unsupervised multi-target domain adaptation: An information theoretic approach. *IEEE TIP*, Vol. 29, pp. 3993–4002, 2020.

[3] Pau Panareda Busto and Juergen Gall. Open set domain adaptation. In *Proc. ICCV*, 2017.

[4] Zhangjie Cao, Lijia Ma, Mingsheng Long, and Jianmin Wang. Partial adversarial domain adaptation. In *Proc. ECCV*, 2018.

[5] Eric Tzeng, Judy Hoffman, Ning Zhang, Kate Saenko, and Trevor Darrell. Deep domain confusion: Maximizing for domain invariance. *arXiv preprint arXiv:1412.3474*, 2014.

[6] Baochen Sun and Kate Saenko. Deep CORAL: Correlation alignment for deep domain adaptation. In *Proc. ECCV*, 2016.

[7] Yaroslav Ganin and Victor Lempitsky. Unsupervised domain adaptation by back-propagation. In *Proc. ICML*, 2015.

[8] Ziliang Chen, Jingyu Zhuang, Xiaodan Liang, and Liang Lin. Blending-target domain adaptation by adversarial meta-adaptation networks. In *Proc. CVPR*, 2019.

[9] Xingchao Peng, Zijun Huang, Ximeng Sun, and Kate Saenko. Domain agnostic learning with disentangled representations. In *Proc. ICML*, 2019.

[10] Kaichao You, Mingsheng Long, Zhangjie Cao, Jianmin Wang, and Michael I. Jordan. Universal domain adaptation. In *Proc. CVPR*, 2019.

[11] Shuhan Tan, Jiening Jiao, and Wei-Shi Zheng. Weakly supervised open-set domain adaptation by dual-domain collaboration. In *Proc. CVPR*, 2019.

[12] Sayan Rakshit, Dipesh Tamboli, Pragati Shuddhodhan Meshram, Biplab Banerjee, Gemma Roig, and Subhasis Chaudhuri. Multi-source open-set deep adversarial domain adaptation. In *Proc. ECCV*, 2020.

[13] Ying Jin, Ximei Wang, Mingsheng Long, and Jianmin Wang. Minimum class confusion for versatile domain adaptation. In *Proc. ECCV*, 2020.

[14] Yu Mitsuzumi, Go Irie, Daiki Ikami, and Takashi Shibata. Generalized domain adaptation. In *Proc. CVPR*, 2021.

[15] Ting Chen, Simon Kornblith, Mohammad Norouzi, and Geoffrey Hinton. A simple framework for contrastive learning of visual representations. In *Proc. ICML*, 2020.

[16] Daiki Tanaka, Daiki Ikami, Toshihiko Yamasaki, and Kiyoharu Aizawa. Joint optimization framework for learning with noisy labels. In *Proc. CVPR*, 2018.

[17] Ziwei Liu, Zhongqi Miao, Xingang Pan, Xiaohang Zhan, Dahua Lin, Stella X. Yu, and

Boqing Gong. Open compound domain adaptation. In *Proc. CVPR*, 2020.

[18] Qing Yu, Atsushi Hashimoto, and Yoshitaka Ushiku. Divergence optimization for noisy universal domain adaptation. In *Proc. CVPR*, 2021.

みつづみ ゆう（日本電信電話株式会社）

# フカヨミ バックボーンモデル
## 物体検出も Vision Transformer！

■内田祐介

## 1 はじめに

2012 年の画像認識コンペティション ILSVRC における AlexNet の登場以降，画像認識においては畳み込みニューラルネットワーク（convolutional neural network; CNN）を用いることがデファクトスタンダードとなった。ILSVRC では毎年のように新たな CNN のモデルが提案され，それらは一貫して認識精度の向上に寄与してきた [1]。CNN は画像分類だけではなく，物体検出やセマンティックセグメンテーションなど，さまざまなタスクを解くためのバックボーンモデルとしても広く利用されてきている。

他方，近年では自然言語処理においてデファクトスタンダードとなった Transformer が，Vision Transformer（ViT）[2] として画像認識分野においても適用され，CNN を置き換えていくかのような勢いを見せている。また，ViT のようなモデル構造をもちながら，Attention 機構を MLP（multi-layer perceptron）で置き換えたモデル [3] や LSTM（long short-term memory）で置き換えたモデル [4] も提案されてきており，本シリーズ既刊『コンピュータビジョン最前線 Winter 2021』では「イマドキノ CV」として，CNN，Transformer，MLP の認識モデルを三つ巴で紹介した。その時点ではクラス分類モデルが主流であったが，CNN の進化において徐々に物体検出やセマンティックセグメンテーションなどさまざまなタスクに適用されていったように，Vision Transformer もさまざまなタスクを解くためのバックボーンモデルとして活用されつつある。本稿では「フカヨミ バックボーンモデル」として，Vision Transformer [1) を物体検出タスクなどのバックボーンモデルとして活用する手法をフカヨミする。

まず，ResNet に代表される CNN の構造と ViT の構造を，生成される特徴マップ（出力テンソル）の観点で振り返る。図 1 (a) に示すとおり，CNN は，複数のステージ構造をもち，各ステージで残差ブロック（residual block）のようなモジュール化された処理を繰り返し，次のステージに処理を移すタイミングで，プーリング（pooling）やストライド（stride）付きの畳み込みを用いて

1) 本稿では，MLP-Mixer のような Attention を用いないが Vision Transformer 的な構造をしているモデルすべてを，Vision Transformer と総称する。また，ViT は文献 [2] の特定のモデルを指すこととする。

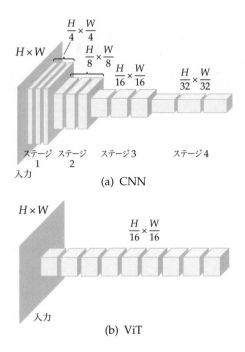

図1　(a) 一般的な CNN のモデル構造と (b) ViT のモデル構造

空間的な解像度を半分にしつつ，特徴マップのチャネル数を2倍にするという階層構造となっていることが多い。その結果，モデルの中間出力として，自然に複数の解像度の特徴マップが生成される。

　一方，ViT は，最初にパッチ埋め込み処理によって 1/16 の解像度の特徴マップを生成し，それ以降は同一解像度の特徴マップに対して同一の処理を行うというシンプルな構造を保っており，生成される特徴マップの解像度はすべて同一となる（図1 (b)）。この 1/16 という解像度は，Transformer の Attention 機構の計算量が系列長（Vision Transformer においては特徴マップのサイズ）の2乗に比例するため，計算量を抑えるために選択されていると考えられる。この構造の違いが，ViT を物体検出やセマンティックセグメンテーションなどに適用するときに問題になることがある。物体検出モデルは，さまざまなサイズの物体を検出するために，解像度が異なる特徴マップに対して検出のためのサブネットワークを接続する構造になっていることが多い。たとえば，有名な物体検出モデルである RetinaNet は，図2 に示すように，複数解像度の特徴マップを統合することで特徴としての強さと解像度の高さを両立させる FPN（feature pyramid network）[5] をモデルの中間構造としてもつため，バックボーンモデルが階層構造であることを前提としている。セマンティックセグメンテーションにおいても，細かい領域を正確に分離するために高解像度の特徴マップが必

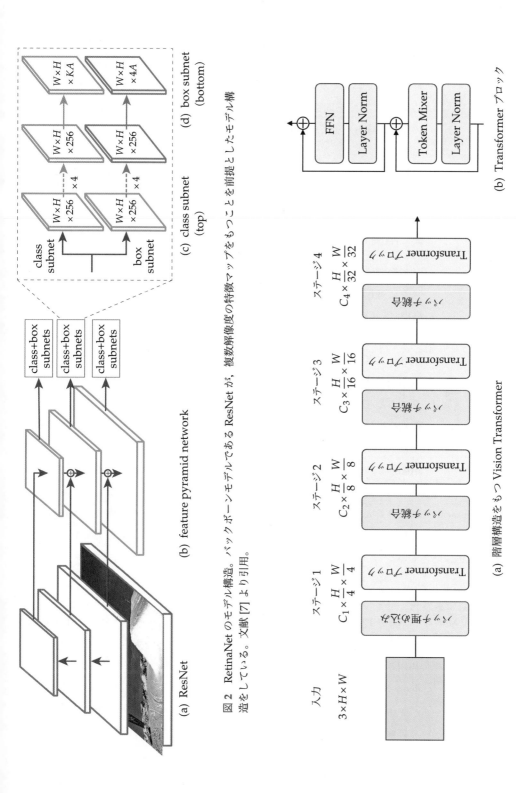

(a) ResNet

(b) feature pyramid network

(c) class subnet (top)

(d) box subnet (bottom)

図2 RetinaNet のモデル構造。バックボーンモデルである ResNet が，複数解像度の特徴マップをもつことを前提としたモデル構造をしている。文献 [7] より引用。

(a) 階層構造をもつ Vision Transformer

(b) Transformer ブロック

図3 (a) 階層構造をもつ Vision Transformer の構成と，(b) そのメインの処理ブロックである Transformer ブロックの構成。

要であり，たとえば広く利用されている U-Net [6] モデルでは，バックボーンモデルの特徴マップを，低解像度のものから高解像度のものへと徐々に統合する，FPN に類似した構造をとっている。このため，Vision Transformer を物体検出やセマンティックセグメンテーションで利用できるバックボーンとするためには，CNN と同様に，高解像度の特徴マップから開始し，徐々に特徴マップの空間解像度を低くしていく階層的なモデル構造に改造する必要があると考えられる。

　以降では，このような課題から生まれた階層構造をもつバックボーンモデルを紹介していく。

## 2　階層構造をもつバックボーンモデルの構成

　本節では，物体検出やセマンティックセグメンテーションなど，さまざまなタスクに適用できる階層構造をもつバックボーンモデルの構成を説明する。図 3 (a) に階層構造をもつ Vision Transformer の構成を示す。階層構造をもつバックボーンモデルとしては，Swin Transformer [8] を筆頭にさまざまなモデルが提案されてきているが，ほぼすべてがこの構成となっているといってよい。まず，入力画像はパッチ埋め込みによりパッチ化される。その後，メインの処理ブロックである Transformer ブロックを複数回実行し，パッチ統合処理により空間解像度を半分にする，という処理を繰り返す構成となっている。図 3 (b) に示すとおり，この Transformer ブロックは，Token（ベクトル）を混ぜ合わせる Token mixer と，ベクトルを個別に変換する FFN（feed-forward network）から構成される。この表現は，ViT や MLP-Mixer といった一見異なるモデルも統一的に扱うことができる [9][2]。文献 [9] は，この抽象化された構造を MetaFormer と呼称し，MetaFormer こそが Vision Transformer の性能の鍵であると主張している[3]。以降では，それぞれの処理の詳細を説明する。

### 2.1　パッチ埋め込み

　パッチ埋め込み（patch embedding）は画像をパッチに分割し Token 化する処理である。ViT では 14×14 や 16×16 といった大きなサイズのパッチが利用されていたが，本稿で紹介する階層構造をもつバックボーンモデルでは，4×4 のサイズのパッチが利用される。入力がカラー画像の場合，この 4×4 のパッチをベクトル化すると，$4×4×3 = 48$ 次元のベクトルができる。これをさらに線形変換することで，$C_1 × \frac{H}{4} × \frac{W}{4}$ 次元の出力テンソルを得る。実装上は，カーネルサイズとストライドが 4×4 の 2 次元畳み込みが利用されることが多い。その後の Transformer ブロックの処理では，パッチの位置情報が扱えない

[2] たとえば，Token mixer が Attention となっているのが ViT, channel-mixing MLP となっているのが MLP-Mixer である。

[3] なお，『コンピュータビジョン最前線 Winter 2021』においても，Transformer や MLP-Mixer は「ベクトルをまぜて変換」「ベクトルを個別に変換」という処理を行っていると，統一的に表現できることが説明されていた。

ため，位置エンコーディング（position encoding）が加えられるモデルも存在
する[4]。

## 2.2　パッチ統合

パッチ統合（patch merging）は，ステージ $i-1$ の出力テンソルの空間解像
度を $1/2$ にしつつ，チャネル数を $C_{i-1}$ から $C_i$ に増加させ，次のステージ $i$ へ
の入力とする処理である。実装上は，ストライド付きの畳み込みを行うものと，
隣接 $2 \times 2$ 画素を結合（flatten）し，Layer Norm を行った後，線形変換するもの
が存在する。なお，パッチ統合は，CNN では最大値プーリング（max pooling）
や平均プーリング（average pooling），ストライド付きの畳み込みで実現され
ていた処理である。

## 2.3　Transformer ブロック

Transformer ブロックは，Vision Transformer のメインの処理ブロックであ
り，図 3 (b) のような構造をもっている。まず入力に対して Layer Norm を適
用し，その後 Token を混ぜ合わせる Token mixer 処理を行う。さらに Layer
Norm を適用し，FFN を適用する。これらの間には，スキップコネクションが
接続されている。FFN は，線形変換，活性化関数の適用，線形変換を順に行う。
活性化関数としては GELU や ReLU が利用される。

本節冒頭で注釈したように，この Token mixer は，ViT では Multi-head self-
attention[5]，MLP-Mixer では channel-mixing MLP となっている。階層構造を
もつバックボーンモデルを構築するにあたって一番問題になるのが，この Token
mixer の計算量である。具体的には，高解像度の特徴マップを処理する場合に，
Attention 機構が系列長（Vision Transformer においては特徴マップのサイズ）
の 2 乗に比例する計算量が必要であることが問題になる。このため，階層構造
をもつバックボーンモデルでは，この Token mixer 処理が系列長の 2 乗に比例
しないような工夫を取り入れている。逆にいうと，さまざまなモデルが提案さ
れているが，モデルの違いのポイントは，この Token mixer 処理の違いにある
といってよい。

本稿では Attention の詳細な説明は行わないが，簡単に紹介すると，Attention
はクエリ $Q$，キー $K$，バリュー $V$ を入力とし，$Q$ と $K$ の内積から重みを算出
して，$V$ の重み付き和を出力する機構である。

$$\mathrm{Attention}(Q, K, V) = \mathrm{softmax}\left(\frac{QK^{\top}}{\sqrt{d}}\right)V$$

ここで，$Q, K, V$ は，self-attention の場合には Attention 層への入力である $X$

4) 位置情報の埋め込み方法と
しては，固定か学習可能かと
いう選択肢と，絶対か相対か
という選択肢が存在するが，本
稿では深追いしない。

5) 本稿では簡単のため，単に
Attention と表記する。

6) 正確には $Q, K$ の次元は同一でなければならないが，$V$ の次元は異なっていてもよい。

に対して異なる線形変換を適用することで得られる $n \times d$ 次元のテンソル[6] であり，$n$ は系列長である。

$$Q = W^{\text{query}} X, \quad K = W^{\text{key}} X, \quad V = W^{\text{value}} X$$

内積 $QK^{\mathsf{T}}$ の計算量が $O(n^2 d)$ となるため，Attention の計算量が系列長の 2 乗に比例することがわかる。

## 3 近年のバックボーンモデル

本節では，近年提案されているいくつかの階層構造をもつバックボーンモデルを紹介する。前述したとおり，全体の構造は図 3 と共通であり，Transformer ブロックの Token mixer でどのような処理を行うかが違いとなる。これらのモデルは，(1) Attention の系列長の 2 乗に比例するという課題を $K, V$ のサイズを小さくすることで回避するアプローチと，(2) Attention は利用せず計算量が系列長の 2 乗に比例しないベクトルを混ぜ合わせるアプローチの 2 通りに大別できる。前半に紹介する Swin Transformer と Pyramid Vision Transformer が (1) のアプローチのモデル，後半に紹介する PoolFormer と ShiftViT が (2) のアプローチのモデルである。なお，本稿はバックボーンモデルに焦点を当てており，物体検出などのタスクに適用した際のモデル構造には言及しないが，基本的には CNN ベースのモデルのバックボーン部分のみを Vision Transformer に差し替えたものとなる[7]。

7) 差し替えるだけで使えるように設計されているので，当然といえば当然である。

### 3.1 Swin Transformer

Swin Transformer [8] は，Token mixer として Window-based Multi-head Self-attention（W-MSA）と Shifted Window-based Multi-head Self-attention（SW-MSA）を利用している。W-MSA は，特徴マップを $M \times M$ のウィンドウ[8] に区切り，そのウィンドウ内でのみ Attention を求めるモジュールとなっている。これにより，計算量が特徴マップのサイズの 2 乗に比例する問題を解決している。一方，このウィンドウはオーバーラップしていないため，このままではウィンドウ間で情報をやりとりすることができず，性能が低下してしまう。これに対し，W-MSA と，W-MSA のウィンドウを半分だけシフトさせた SW-MSA を交互に利用することで，ウィンドウ間での情報のやりとりを実現し，大域的な Attention を適用した場合のような広い受容野を実現している。

Swin Transformer から派生した手法として，CSWin [10] では，W-MSA/SW-MSA の代わりに，Cross-Shaped Window Self-Attention と呼ばれる縦と横の

8) 入力サイズが ImageNet 標準の 224 のモデルは，7×7 のウィンドウを利用している。このウィンドウサイズは解像度が最も低い特徴マップのサイズに合わせて設計されており，解像度が 1/4 の特徴マップでは 8×8 個のウィンドウが存在し，解像度が 1/32 の特徴マップでは 1 つのウィンドウのみが存在する。入力サイズが 384 のモデルでは，12×12 のウィンドウが利用されている。

ストライプ状の Attention を利用している。また，Swin Transformer を大規模化した Swin Transformer V2 [11] も提案されている。

## 3.2 Pyramid Vision Transformer（PVT）

Pyramid Vision Transformer（PVT）[12] は，Swin Transformer とは別のアプローチで Attention の効率化を実現している。具体的には，SRA（spatial-reduction attention）と呼ばれる効率的な Attention を利用している。通常の Attention は，$Q, K, V$ はすべて同一の系列長であるのに対し，SRA では Attention をかけられる辞書側である $K, V$ の空間解像度を $1/R_i$ に削減した後に Attention を求めている。ここで，$R_i$ はステージ $i$ における空間解像度削減率であり，ステージ 1 からステージ 4 まででそれぞれ 8, 4, 2, 1 の値が使われている。この空間解像度を削減する処理自体は，パッチ統合で行われているものとほぼ同じである。これにより，計算量を $1/R_i^2$ に削減することができる。文献 [13] では，PVT に対して，SRA で空間解像度を削減するために，畳み込みではなく平均プーリングを利用し，パッチ埋め込みにおいて隣接するパッチの画素も利用したり，FFN 内に Depthwise 畳み込みを挿入したりする[9] などの改良を行った PVTv2 [13] が提案されている。

同様に，Multiscale Vision Transformers（MViT）[14] においても，$K, V$ に対してプーリングを行うことで空間解像度を削減するアプローチがとられている。プーリング関数として，max, average, conv（+LN）が比較されており，conv が一番精度が高いことが報告されている。ここで conv はチャネルごとの畳み込みを行う Depthwise 畳み込みである。MViT に相対位置エンコーディング（relative position encoding）や残差コネクション（residual pooling connection）を追加し，物体検出タスクにも対応させた MViTv2 [15] も提案されている。ResT [16] でも同様に Depthwise 畳み込みにより $K, V$ の空間解像度を削減する効率的な Attention が提案されている。

文献 [17] では，Multi-head attention の Head ごとに異なる削減率の $K, V$ を参照する Shunted Transformer が提案されている。直感的な理解のため，図 4 に，Swin Transformer を含めた Attention の計算量を削減するアプローチに

[9] これにより，パッチ間の位置関係を暗に扱えるようになり，位置エンコーディングをモデルから削除できることは興味深い。

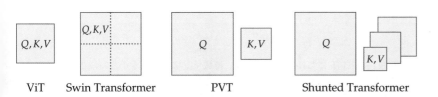

図4 Attention の計算量を削減するアプローチの比較。文献 [17] をもとに作成。

おける $Q, K, V$ の空間的なサイズの違いを示す。ViT は $Q, K, V$ すべてがある程度小さい特徴マップを対象としている。本稿で紹介している手法は，入力に近いブロックではすべて大きな特徴マップを生成するため，必ず $Q$ は大きくなる。それに対し，Swin Transformer は $Q$ の位置によって参照する $K, V$ を小さなウィンドウに制限する。PVT はプーリングで縮小した $K, V$ を参照し，Shunted Transformer は複数解像度に縮小した $K, V$ を参照する。

### 3.3 PoolFormer

文献 [9] は，Transformer や MLP-Mixer の抽象的な構造こそが重要であることを示すために，Token mixer として非常に単純なプーリング処理を利用する PoolFormer を提案している。CNN で利用されている単純なプーリング処理であるため，計算量の問題は発生しない。精度に関しても，さまざまなタスクにおいて，既存の CNN や，前述の Swin Transformer，PVT に匹敵する計算量と精度を達成している。

### 3.4 ShiftViT

ShiftViT [18] は Attention の処理を，図 5 に示すように，特徴マップの一部を空間方向にずらすシフト処理に置き換えた手法である。このシフト処理で利用されるシフト演算は，これまで CNN において計算量を削減する手法としても利用されてきた [19]。ShiftViT は Swin Transformer をベースにして設計されており，ウィンドウ Attention をシフト処理に変更し，同等の計算量となるようにモデルを大きくすると，精度と計算量のトレードオフの観点で Swin Transformer より優れていることが示されている。

なお，$S^2$-MLP [20] や AS-MLP [21] といったシフト演算を適用した手法が ShiftViT より以前に提案されているが，これらの手法はシフトの前後にチャネ

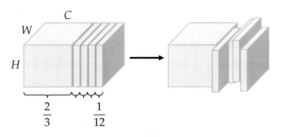

図 5 ShiftViT におけるシフト処理。特徴マップのチャネル方向の 2/3 に対しては何も行わず，残りの 1/3 の 1/4 ずつ（つまりチャネル全体の 1/12 ずつ）に対して，特徴マップを空間方向に上下左右 1 画素ずらすシフト演算を適用する。

ル方向の MLP を含んでいる。一方，ShiftViT は純粋にシフト演算のみを行っている点でよりシンプルなモデルとなっているため，本項ではこちらを紹介した。

## 4　ViT バックボーンをそのまま活用するアプローチ

　ここまで，Vision Transformer に階層構造をもたせることで，物体検出やセマンティックセグメンテーションなどのさまざまなタスクに適用しようとするアプローチを紹介してきた。これらのアプローチは，CNN の進化を考えると自然な方向であるが，モデルアーキテクチャを大きく変更しているため，既存のクラス分類向けの事前学習モデルをそのまま利用することはできず，いったん ImageNet-1K などのデータセットで事前学習を行った後，ダウンストリームタスクで再学習（finetune）を行う必要がある。これに対し，あくまで既存のシンプルな事前学習済み ViT モデルをバックボーンとし，物体検出などのダウンストリームタスクにおける再学習のタイミングで必要となる改変を，その時点で施す手法が提案されている [22]。

　この場合，再学習時にどのようなモデル改変が必要となるのだろうか。文献 [22] では，まず，図 6 (c) に示すように，入力サイズの 1/16 となっているベー

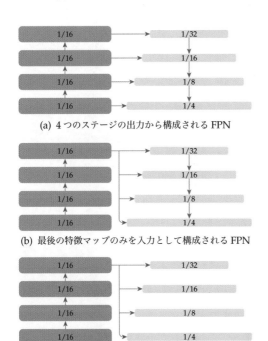

(a) 4 つのステージの出力から構成される FPN

(b) 最後の特徴マップのみを入力として構成される FPN

(c) 単純な特徴ピラミッド構造

図 6　単一サイズの特徴マップのみをもつ ViT から複数解像度の特徴マップを生成するアプローチ。文献 [22] より引用し，翻訳。

スモデルの出力から {1/32, 1/16, 1/8, 1/4} のサイズをもつ複数解像度の特徴マップを独立生成する処理を追加している。これは，それぞれ {2, 1, 1/2, 1/4} のストライドをもつ畳み込み[10] によって実現される。また，Attention の計算量に対する対応も必要となる。通常，クラス分類向けモデルでは 224 といった入力サイズが用いられるのに対して，物体検出においては小さな物体も検出するために 1,000 を超えるサイズの入力が利用されることもあり，そのため，必然的に特徴マップのサイズも大きくなってしまうのである。そこで，バックボーンの Attention を Swin Transformer で用いられているウィンドウ Attention に変更する。ウィンドウ間の情報の伝播は，ViT を構成する Transformer ブロックを少数（文献 [22] のデフォルトでは 4）のサブセットに分割し，各サブセットの最後のブロックで行うアプローチをとる。この情報伝播のために，図 7 に示すような 2 つのアプローチが試されている。

- **大域的な伝播**（global propagation）：各サブセットの最後のブロックには，通常の大域的な Attention を用いる。
- **畳み込みによる伝播**（convolutional propagation）：各サブセットのあとに，畳み込み機構（残差ブロック）を追加する[11]。

文献 [22] では，上記のように変更された ViT のバックボーンを，Mask R-CNN [23] の検出モジュールに接続し，物体検出タスクおよびインスタンスセグメンテー

[10] 1 未満のストライドの場合は逆畳み込み（deconv）となる。

[11] 重みをゼロで初期化することで，再学習当初は事前学習モデルの出力を変えないようにしている。

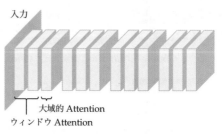

(a) 大域的な伝播

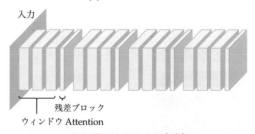

(b) 畳み込みによる伝播

図 7　(a) 大域的な伝播のアプローチと，(b) 畳み込みによる伝播のアプローチ。12 個の Transformer ブロックを 4 つのサブセットに分割した場合を示している。

ションタスクのモデルを構築している。以降では，この文献 [22] で報告されているいくつかの重要な示唆を紹介する。

- 階層的なバックボーンを利用せずに，最終層の出力のみから独立に階層的な特徴マップを抽出しても，十分な性能が出る：図 6 (a)～(c) に示されているモデル構造は，ViT の最終層の出力をそのまま利用した場合と比較して，大幅に精度が改善しており，さらに，この中でも最も単純な図 (c) のモデル構造が最も高い精度を達成していることが報告されている。これと同様のことが，文献 [24] において，CNN のバックボーンモデルを用いた場合について報告されている。

- ウィンドウ Attention と少数の大域的な Attention で十分な性能が出る：Swin Transformer では，ウィンドウ Attention とシフトしたウィンドウ Attention を組み合わせることで，大域的な Attention を近似しようとしていた。これに対し，オーバーラップもシフトもさせないウィンドウ Attention をメインとしつつ，一定間隔で通常の大域的 Attention を挿入する構造でも，大域的 Attention のみを利用した場合とほぼ同等の精度が達成できている。前述の大域的な伝播と畳み込みによる伝播を比較すると，畳み込みによる伝播の情報伝播効果は，隣接するウィンドウに限られるにもかかわらず，大域的な伝播に匹敵する精度が達成できていることも示されている。

- **Masked Autoencoder** を用いた事前学習が有効である：まず，ImageNet-1K で事前学習したモデルを再学習した場合，重みをランダムに初期化してスクラッチ学習した場合よりもわずかに低い精度しか達成できなかった。よりデータ数の多い ImageNet-21K を用いると，スクラッチ学習よりもわずかに良い精度を達成した。関連して，文献 [25] では，CNN バックボーンを利用した際にも，COCO データセットにおいて，スクラッチ学習が ImageNet-1K の事前学習モデルからの再学習と同等の精度を達成できることが示されている。一方，ImageNet での教師あり学習の代わりに，ViT のための自己教師あり学習手法である Masked Autoencoder（MAE）[26] を用いて ImageNet-1K データセットで事前学習を行うと，大幅に精度が向上し，特にモデルサイズが大きくなるほどこの傾向が顕著になることが示されている。前述の Swin Transformer V2 [11] においても，MAE と類似した自己教師あり学習手法である SimMIM [27] が利用されており，大規模で表現能力が高い ViT のようなバックボーンモデルの事前学習には，適切な自己教師あり学習が有効であることが示唆されている。

以上，本節では，汎用的なバックボーンモデルと，ダウンストリームタスクのモデルのデザインを分離し，事前学習した ViT バックボーンをそのまま活用するアプローチを紹介した。CNN の構造を模倣した階層的な構造をもつモデルが多数提案されている中，このアプローチはバックボーンモデルをシンプルに保ちつつ，既存手法を上回る精度[12] を実現しており，今後も継続的に着目すべきと思われる。

## 5　おわりに

本稿では，Vision Transformer を物体検出やセマンティックセグメンテーションなど，さまざまなタスクに適用するための手法を紹介した。1 つのアプローチは，CNN と同様に，高解像度の特徴マップから開始し，徐々にその空間解像度を低くしていく階層的なモデル構造を利用するものであり，数多くのモデルが提案されてきている。一方，ViT バックボーンをなるべくそのまま利用し，最終層の出力から複数解像度の特徴マップを生成するアプローチも提案されている。このアプローチ自体は新しいものではないが，ViT の高い表現能力と，MAE という強力な自己教師あり学習とを組み合わせることで，既存の state-of-the-art モデルを上回る精度を達成していることは注目すべきである。他方，学習方法をモダン化し，Vision Transformer を参考にして改良を加えた ConvNeXt [28] が提案される[13] など，CNN もまだまだ使い勝手の良いバックボーンモデルの選択肢であり続けており，引き続きこの分野の進展に期待したい。

参考文献

[1] 内田祐介, 山下隆義. 「物体認識のための畳み込みニューラルネットワークの研究動向」. 信学論 (D), Vol. J102-D, No. 3, pp. 203–225, 2019.

[2] Alexey Dosovitskiy, et al. An Image is Worth 16×16 Words: Transformers for Image Recognition at Scale. In *Proc. of ICLR*, 2021.

[3] Ilya Tolstikhin, et al. MLP-Mixer: An All-MLP Architecture for Vision. In *Proc. of NeurIPS*, 2021.

[4] Yuki Tatsunami and Masato Taki. Sequencer: Deep LSTM for Image Classification. *arXiv:2205.01972*, 2022.

[5] Tsung-Yi Lin, et al. Feature Pyramid Networks for Object Detection. In *Proc. of CVPR*, 2017.

[6] Olaf Ronneberger, et al. U-Net: Convolutional Networks for Biomedical Image Segmentation. In *Proc. of MICCAI*, 2015.

[7] Tsung-Yi Lin, et al. Focal Loss for Dense Object Detection. In *Proc. of ICCV*, 2017.

[8] Ze Liu, et al. Swin Transformer: Hierarchical Vision Transformer Using Shifted Windows. In *Proc. of ICCV*, 2021.

[9] Weihao Yu, et al. MetaFormer is Actually What You Need for Vision. In *Proc. of CVPR*, 2022.

[10] Xiaoyi Dong, et al. CSWin Transformer: A General Vision Transformer Backbone with Cross-Shaped Windows. In *Proc. of CVPR*, 2022.

[11] Ze Liu, et al. Swin Transformer V2: Scaling Up Capacity and Resolution. In *Proc. of CVPR*, 2022.

[12] Wenhai Wang, et al. Pyramid Vision Transformer: A Versatile Backbone for Dense Prediction without Convolutions. In *Proc. of ICCV*, 2021.

[13] Wenhai Wang, et al. PVTv2: Improved Baselines with Pyramid Vision Transformer. *Computational Visual Media*, Vol. 8, No. 3, pp. 1–10, 2022.

[14] Haoqi Fan, et al. Multiscale Vision Transformers. In *Proc. of ICCV*, 2021.

[15] Yanghao Li, et al. MViTv2: Improved Multiscale Vision Transformers for Classification and Detection. In *Proc. of CVPR*, 2022.

[16] Qinglong Zhang and Yu bin Yang. ResT: An Efficient Transformer for Visual Recognition. In *Proc. of NeurIPS*, 2021.

[17] Sucheng Ren, et al. Shunted Self-Attention via Multi-Scale Token Aggregation. In *Proc. of CVPR*, 2022.

[18] Guangting Wang, et al. When Shift Operation Meets Vision Transformer: An Extremely Simple Alternative to Attention Mechanism. In *Proc. of AAAI*, 2022.

[19] Bichen Wu, et al. Shift: A Zero FLOP, Zero Parameter Alternative to Spatial Convolutions. In *Proc. of CVPR*, 2018.

[20] Tan Yu, et al. $S^2$-MLP: Spatial-Shift MLP Architecture for Vision. In *Proc. of WACV*, 2022.

[21] Dongze Lian, et al. AS-MLP: An Axial Shifted MLP Architecture for Vision. In *Proc. of ICLR*, 2022.

[22] Yanghao Li, et al. Exploring Plain Vision Transformer Backbones for Object Detection. *arXiv:2203.16527*, 2022.

[23] Kaiming He, et al. Mask R-CNN. In *Proc. of CVPR*, 2017.

[24] Qiang Chen, et al. You Only Look One-level Feature. In *Proc. of CVPR*, 2021.

[25] Kaiming He, et al. Rethinking ImageNet Pre-training. In *Proc. of ICCV*, 2019.

[26] Kaiming He, et al. Masked Autoencoders Are Scalable Vision Learners. *arXiv: 2111.06377*, 2021.

[27] Zhenda Xie, et al. SimMIM: A Simple Framework for Masked Image Modeling. In *Proc. of CVPR*, 2022.

[28] Zhuang Liu, et al. A ConvNet for the 2020s. In *Proc. of CVPR*, 2022.

[29] Mingxing Tan and Quoc V. Le. EfficientNetV2: Smaller Models and Faster Training. In *Proc. of ICML*, 2021.

うちだ ゆうすけ（株式会社 Mobility Technologies）

# ニュウモン 微分可能レンダリング
## 3次元ビジョンの新潮流！3次元再構成からNeRFまで

■加藤大晴

コンピュータグラフィクスにおける**レンダリング**とは，3次元モデルをもとに画像を描画する処理である。「レンダリングされた画像の各ピクセル」を「3次元モデルの各パラメータ」で偏微分した値を得るためのレンダリング処理を**微分可能レンダリング**[1]といい，画像から3次元シーンを認識するときに用いられる[2]。特に得意な応用は，画像に写っている物体の3次元形状を推定すること（**単一画像3次元物体再構成**，図1参照）や複数の画像をもとに任意の視点から見た画像を生成すること（**自由視点画像生成**，図2参照）であり，さらにこれらに留まらず，いろいろな応用が提案されている。

その応用可能性の広さにもかかわらず，コンピュータビジョンに長く携わってきた方でも，「微分可能レンダリング」という言葉に聞き覚えがある方はそれほど多くないだろう。その理由の1つは，この技術が極めて新しいものだからである。微分可能レンダリングが初めて登場したのは2014年のOpenDR [1]である。しかし，当時としてはやや先駆的すぎて，大きく流行するには至らなかった。しかし，その後の深層学習の流行とともに「微分可能」であることの価値が広く理解され始め，2018年に深層学習に組み込めるもの[2][3]と，写実的な描画を行うもの[3]が登場すると，Google, Facebook, NVIDIAといった大手企業が相次いで微分可能レンダリングをサポートするライブラリを開発し[4,5,6]，微分可能レンダリングに関連する技術がコンピュータビジョン分

1) 数学用語の「微分可能」とは意味が異なり，「微分値のようなものが定義されていてそれが最適化に利用できる」程度の意味である。

2) 3次元ビジョンや逆レンダリングという。

3) 手前味噌だが，これは筆者の博士論文の一部である。

図1　単一画像3次元物体再構成の例[11]。このタスクでは1枚の画像（左）からその3次元形状（右）を推定する。この例のように，形状と同時にテクスチャを推定することもある。画像は論文より引用。

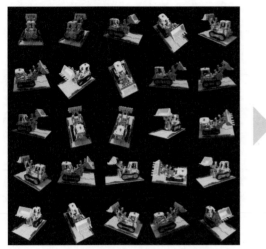

図 2　自由視点画像生成の例。これは複数の画像（左）から 3 次元モデルを推定し，入力画像にはない視点から見た画像（右）を生成するタスクである。この例は NeRF [8] という手法による生成例であり，3 次元シーンをニューラルネットワークで表し，微分可能ボリュームレンダリングを通じて最適化している。画像は論文より引用。

野の難関国際会議の最優秀論文賞に頻出するようになった [7, 8, 9, 10]。このように，微分可能レンダリングは，最近になって大きく注目を集めている技術である。

　微分可能レンダリングは特定のタスクを念頭に置いた技術ではないため，やや抽象的で使い方をイメージしづらい。そこで本稿では，まず微分可能レンダリングとはどのような発想に基づくものであり，「微分可能」であることにどのような価値があるのかを説明する。そして，具体的な応用を幅広く例示した後に，微分可能レンダリングそのものの技術的課題と解決法を述べ，微分可能レンダリング機能を提供するライブラリを紹介する。

## 1　微分可能レンダリングの考え方

　微分可能レンダリングの基本的な発想は，カジュアルにいえば「合っているかどうかは見ればわかるでしょ」ということである。フォーマルには Analysis-by-Synthetics という言葉で表現でき，画像の理解（analysis）が正しいかどうかを理解に基づいて画像を描画（synthesis）して確認するアプローチを指す。これは物理学者リチャード・ファインマンの言葉 "What I cannot create, I do not understand"（作れないなら理解したとはいえない）とも似た方針である。
　$N$ 枚の画像 $I_i$（$1 \le i \le N$）が与えられ，そこに写っている 3 次元シーン $\pi$

を求めることを考える。それぞれの画像のカメラ情報 $\phi_i$ は既知であるとする。これは多視点ステレオと呼ばれる問題であり，典型的には画像間でどのピクセルが対応するかを求めることによって解かれる [12]。

対照的に，微分可能レンダリングでは陽に対応点検出を行わず，代わりに推定した結果が正しそうかどうかを画像を見比べて確認し修正することを繰り返して，3次元シーンを求める。図3 (a) に模式図を示す。詳しくは以下のような手続きになる。

1. 3次元シーンを適当に初期化する。これを $\hat{\pi}$ とする。
2. そのシーンの画像を描画して「推定結果は今どう見えているのか」を求める。レンダリング関数 $R$ を用いて $N$ 枚の画像

$$\hat{I}_i = R(\hat{\pi}, \phi_i) \tag{1}$$

を得る。

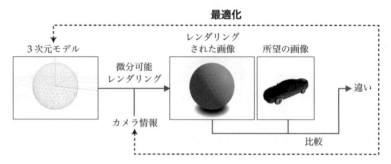

(a) 画像にフィッティングすることによる3次元モデルの最適化

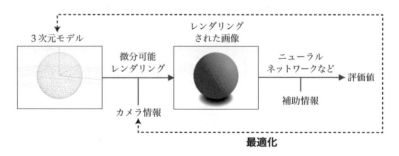

(b) 何らかの評価関数を用いた3次元モデルの最適化

図3　微分可能レンダリングを用いると，3次元モデルをレンダリングした画像が「良い」かどうかを基準にして，3次元モデルを構築できる。(a) レンダリングされた画像と所望の画像との違いが小さくなるように3次元モデルを最適化する処理の模式図と，(b) レンダリングされた画像をニューラルネットワークなどの複雑な関数で評価して3次元モデルを最適化する処理の模式図。(a) は (b) の特別な場合と見なすことができる。

3. 推定結果の見え方 $\hat{I}_i$ が実際の観測 $I_i$ と一致するかどうかを，画像どうしの距離を測る適当な関数 $D$ を用いて計算し，その合計を得る。見え方が違う度合いは

$$L = \sum_i L_i = \sum_i D(I_i, \hat{I}_i) = \sum_i D(I_i, R(\hat{\pi}, \phi_i)) \qquad (2)$$

と定義できる。

4. 求めたい 3 次元シーンは，この目的関数が最小となるもの

$$\pi = \operatorname*{argmin}_{\hat{\pi}} L = \operatorname*{argmin}_{\hat{\pi}} \sum_i D(I_i, R(\hat{\pi}, \phi_i)) \qquad (3)$$

である。そのような解に近づくために，適当なステップサイズ $\eta$ を用いて，勾配降下法で解を更新する。

$$\hat{\pi} \leftarrow \hat{\pi} - \eta \frac{\partial L}{\partial \hat{\pi}} = \hat{\pi} - \eta \sum_i \frac{\partial L_i}{\partial \hat{I}_i} \frac{\partial \hat{I}_i}{\partial \hat{\pi}} \qquad (4)$$

5. ステップ 2〜4 を繰り返す。すなわち，現在の解をレンダリングし（ステップ 2），実際の観測との見え方の違いを確認し（ステップ 3），それが小さくなるように勾配降下法で解を更新する（ステップ 4）という手続きを繰り返す。

勾配降下法を用いるためには，レンダリングされた画像を 3 次元シーンのパラメータで偏微分した値 $\frac{\partial \hat{I}}{\partial \hat{\pi}} = \frac{\partial}{\partial \hat{\pi}} R(\hat{\pi}, \phi_i)$ が必要になる。これがレンダリング関数 $R$ を微分する動機である。

　従来の方法では，丁寧に設計された特徴量と，高度な最適化技術を用いて 3 次元形状を求める。それに比べると，微分可能レンダリングのアプローチは，あまりに単純であると思われるかもしれない。確かに，単にシンプルな設定で 3 次元形状を求めるだけであれば，微分可能レンダリングを用いるメリットはほとんどない。しかし，微分可能レンダリングを用いることで，3 次元形状だけではなくマテリアル・照明・カメラ情報も同時に最適化できるのに加え，光の反射や影などの複雑な物理モデルを考慮した最適化が可能になり，深層学習との併用で特徴抽出なども一気通貫学習で最適化できる。また，画像と画像とを近づける以上の複雑な評価関数を用いたり，データから 3 次元再構成を学習したりすることもできる。これらは従来的な方法では難しく，微分可能レンダリングが真価を発揮する。

## 2 深層学習と微分可能プログラミング

4) 実際には，ほとんどの点で微分可能であればよい。たとえば Rectified Linear Unit（ReLU）は $x = 0$ で微分可能ではない。

深層学習では，微分可能な層（関数）を組み合わせて大きなニューラルネットワークを構成する[4]。深層学習を構成する層として一般に用いられるのは，アフィン変換，畳み込み，活性化関数などだが，微分値が計算できる関数であればなんでも深層学習の層として利用でき，たとえば古典的な SIFT 局所記述子 [13] や HOG 特徴量 [14] も，微分可能な実装によって深層学習に組み込むことができる [15, 16]。同様に，微分可能なレンダリング関数もまた深層学習の層の 1 つとして利用できる。

システムを微分可能な関数の組み合わせで記述し，自動微分で得られる勾配をシステムのパラメータの推定に用いる手法を**微分可能プログラミング**という。微分可能プログラミングは，さまざまな物理現象が微分可能な形で記述できるため，工学設計の最適化，数値流体力学，最適制御，構造力学，大気科学，金融工学などに応用されてきた [17]。レンダリング関数もまた光の物理的な振る舞いを記述したものであり，微分可能プログラミングのための部品の 1 つと捉えることができる。将来的には，たとえば，ロボットを物理シミュレータ内で動作させてその様子をレンダリングし，それを実世界で撮影した動画と比較することで物理シミュレータ内のパラメータ（摩擦係数など）を修正する，といったことも可能になるかもしれない。

2012 年の AlexNet [18] をきっかけとして，深層学習がコンピュータビジョンのさまざまなタスクに有用であることが明らかになり，それに伴い深層学習を効率的に記述するための自動微分ライブラリ [19, 20, 21, 22] が開発され，広く普及した。そのことにより微分可能なモジュールの有用性が知られるようになり，また手軽に利用できるようになって，ユーザー層が拡大した。このことが，近年になってやっと微分可能レンダリングが注目され始めた理由だと考えられる。

## 3 微分可能レンダリングの代表的な応用

微分可能レンダリングはさまざまな応用が可能な技術だが，やはり具体例に触れなければ使い方はイメージしづらい。そこで，代表的な応用研究を「3 次元シーンの最適化」「3 次元再構成の学習」「自由視点画像生成」に分類して紹介する。

### 3.1 3 次元シーンの最適化

3 次元シーン $\pi$ は，基本的に 3 次元の幾何形状，マテリアル，照明で表される。レンダリング関数 $R$ は，それらに加えてカメラの位置や向き，焦点距離な

どの情報 $\phi$ を受け取り，画像を出力する．微分可能なレンダリング関数はこれらの入力のほとんどに対して偏微分を提供する[5]ため，出力画像に基づいてこれらのほとんどが最適化できると考えてよい．画像に対する評価関数は，レンダリングされた画像と所望の画像との違い（ピクセルどうしの差の2乗和など）が用いられることが多いが，これに限らず微分可能であれば任意の関数を用いることができる．

[5] 例外もあり，たとえば画像の解像度について偏微分が提供されることはほとんどない．

### 画像と画像とを近づける

　画像からそれに映っている3次元シーンを得ること，すなわち**3次元再構成**は，コンピュータビジョンの本質的な課題の1つである．図3(a)のような方式で，3次元モデルをレンダリングした画像と実際に観測された画像（ターゲット画像）との違いが小さくなるように，推定した3次元モデルやカメラパラメータを更新していくことができる．

　たとえば図4の上段で，本当に欲しい状態 $I$ が図の左（ウサギが地面に接触している画像）なのに対し，初期状態の3次元シーン $\hat{n}$ をレンダリングすると，左から2番目（ウサギが宙に浮いている画像）$\hat{I}$ が得られているとする．このとき，

所望の画像　　　　初期シーン　　　　最適化中　　　　最適化後

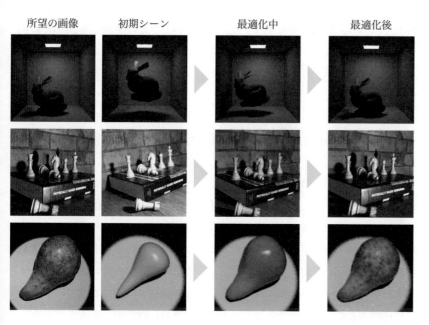

図4　所望の画像に合うように3次元シーンを最適化する例．上段から順に，物体の位置の最適化 [3]，照明とカメラの位置と向きの最適化 [23]，3次元形状とテクスチャの最適化 [24] を示している．下段の例では，実際には複数の視点から撮影したターゲット画像を用いているが，この図には1枚のみを示している．画像は論文より引用．

3次元空間中のウサギの位置，つまりシーンの幾何形状に違いがある。ここで画像の違いを測る関数 $D$ としてピクセル値の違いの2乗平均を用い，$L = D(I, \hat{I})$ を最小化するように「勾配降下法による物体の位置の更新」と「解のレンダリングと誤差の計算」とを繰り返すと，図の右の画像のようなシーンが得られる。これが，微分可能レンダリングを用いて3次元シーンの最適化を行う最も単純な例の1つである。このような，物体の形状やマテリアルを既知としてその位置や向きを推定する問題は，物体テンプレートを用いた3次元ポーズ推定と呼ばれる。この問題は，シーンに何が存在するのかは事前にわかっているが，その配置が変わりうるような状況，たとえばロボットの物体把持や自己位置推定の際に現れる。図4の中段は，幾何形状ではなく，照明とカメラの位置と向きを同様の手続きで最適化する例である。このような問題は，たとえば複数のカメラからなる3次元撮影システムのキャリブレーションの際に生じる。

　実は，単に1つの物体・カメラ・照明の位置を求めるだけであれば，微分可能レンダリングの必要性はあまり高くない。ブラックボックス最適化問題として，勾配情報を用いずとも，「位置をランダムな方向に少しだけ動かしてレンダリングしてみて，評価関数が良くなるようであればその移動を採用し，悪くなるようであれば別の移動を検討する」という戦略で良い解に到達できるからである。しかし，最適化すべきパラメータが多いときには高次元空間の探索を行うことになり，ランダムな探索では時間がかかりすぎるため，ブラックボックス最適化は難しい。たとえば，図4の下段は，物体の位置ではなく形状を初期状態から目的の状態に近づける例である。また，マテリアル（テクスチャ画像）も同時に最適化している。形状やマテリアルは多数のパラメータで表現されていて，その同時最適化はランダムな探索では難しく，勾配情報を用いることで現実的に可能になる。

　これまでに挙げた例は，すべてコンピュータグラフィクスを用いて作成された人工的なシーンのものであり，初期状態としてかなり正確な3次元シーンが得られることを前提としている。実画像を用いる場合には，3次元モデルの初期値をどう得るか，コンピュータ内でのレンダリングとカメラによる写真の撮影との描画の違いをどう埋めるか，といった問題が生じるため，このようなアプローチをとることは一般に難しい。しかし，適切に問題を設定すれば，実画像に応用することも可能である。たとえば図5は，画像中に映るクルマの3次元空間内での位置を求めるものである[6]。ここではクルマの3次元モデルの生成モデルを用いて，クルマの位置，向き，形状とテクスチャのパラメータを最適化している。クルマの初期位置は事前訓練されたクルマ検出器と単眼深度推定器を用いて求められ，観測画像と近づけていくときに「画像と合う」かどうかを，単にピクセル値の差だけではなく，物体検出のバウンディングボックス

[6] Preferred Networks の筆者が所属するチームと，米 Toyota Research Institute，日 Woven Planet の共同研究である。

所望の画像 　　　　　　初期シーン 　　　　　　最適化後

図5　クルマの3次元空間での位置を求める例 [25]。粗い配置から始め，レンダリングした画像が観測画像と合うように位置，向き，形状，テクスチャを修正していく。画像は論文より引用。

やインスタンスセグメンテーションのマスク，単眼深度推定の結果を用いて多角的に判断することで，良い解へと導いている。

複雑な評価関数を使う

　「3次元シーンをレンダリングした画像」と「望ましい画像」を近づける例を紹介してきたが，使うことができる評価関数は単純な画像の類似度だけではなく，図3(b)のように，ニューラルネットワークのような複雑な評価関数を用いることもできる。これによって，3次元再構成ではないタスクにも，微分可能レンダリングを応用することができる。

　画像認識用に訓練されたニューラルネットワークの特徴抽出を用いて2枚の画像のスタイル（画風）の近さを測ることができ，その勾配に基づいて画像を更新することで，画風を画像に転移できることが知られている [26]（図6上段）。

  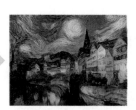

スタイル画像 　　　　　コンテンツ画像 　　　　　処理後の画像

スタイル画像 　　　　　3次元モデル 　　　　　処理後の3次元モデル

図6　画風を画像へと転移する手法 [26]（上段）を応用し，レンダリングされた画像を通じて画風を3次元モデルへと転移する手法 [2]。画像は論文より引用。

この画風の近さを測定する評価関数を「スタイルを表す画像」と「3次元モデルをレンダリングした画像」に適用し，スタイルが近づくように3次元モデルを更新すると，画風を画像にではなく3次元モデルに転移することができる [2, 28]（図6下段）。ピクセルではなく3次元モデルを変化させているため，複数の視点からレンダリングしても整合性が保たれ，また，単に表面の色や模様を変化させるだけではなく，3次元モデルの形状もスタイルに合うように変化しているところに面白みがある。たとえば図の例では，スタイル画像の直線的な画風に応じて，丸みを帯びていたウサギの形状がやや直線的なものへと変化している。

　画像識別器の予測結果の勾配を用いて識別器が誤認識する方向に画像を更新することで，識別器が苦手とする画像を生成できることが知られている [29]。**敵対的サンプル**と呼ばれるこうした画像を生成する手法は，識別器の弱点を探り，その信頼性を高めていくときに有用である。この手法と微分可能レンダリングとを組み合わせて，画像ではなく3次元モデルを更新する試みがなされている [27, 30]。図7の左側の画像は写真とCGを合成したものであり，その照明をコントロールすることができる。訓練済みのニューラルネットワークが画像を正しく認識する確率を評価関数として，正しく認識できなくなる方向に照明のパラメータを変化させていくことで，ニューラルネットワークが誤認識する光の当て方（図7右側）を見つけることができる。敵対的サンプルの生成を2次元画像で行う場合には，現実的にはほとんどあり得ないような変化が加えられた例を生成しがちであるのに対し，3次元モデルを陽に扱うことで，現実にも起こりうるような弱点（たとえば光の当て方）を見つけやすくなることが利点である。

　画像の評価に複雑な関数を用いる他の例として，画像と画像とを見分ける判別器を用いて敵対的学習を行うこと [11, 31] や，ニューラルネットワークによる特徴量を利用して画像の類似度を計算すること [32] が挙げられる。

Tシャツ　　　　　　標識　　　　　　　ミニスカート　　　　給水塔

図7　画像識別器が苦手とする画像を生成する例 [27]。ラベルは画像識別器の予測結果を示す。ここでは画像認識器の予測結果が悪くなるように光の当て方を変えている。画像は論文より引用。

微分可能レンダリングを用いれば，画像に写っているものをなんでも 3 次元モデルにできる，ということはもちろんない。その大きな理由の 1 つは，勾配降下法では，局所最適解から抜け出し大域的最適解に至るのが難しいことである。そのため，紹介した多くの例では「正解」にかなり近い 3 次元モデルが最初から得られていることを前提としていて，その前提が成り立たないときには微分可能レンダリングの適用は勧められない。また，レンダリングするとまったく同じ画像になるような 3 次元シーンは複数存在しうる，という曖昧性も問題である。これは特にテクスチャのない平面で起きやすい。典型的な Structure-from-Motionでは，キーポイント検出を行い特徴的なところのみを 3 次元推定するのに対し，微分可能レンダリングではシーン全体の推定を行わざるを得ないため，入力画像にはフィットして見えるが視点を少し変えると曖昧性が高いところに望んでいたものとは違うものが現れる，という解に陥ってしまう傾向がある。この問題は，データセットにない，未知の視点からレンダリングした画像に何らかの制約を課すことで軽減することができる [11, 33]。

## 3.2　3 次元再構成の学習

図 4 の下段では，複数の視点で撮影した写真をもとに 3 次元形状を推定している。ここでは「1 つの 3 次元シーン」と「すべての画像」との間で辻褄が合うようにするという方針を採用しており，多視点の幾何学的な拘束が暗黙的に用いられている。人間も両目での見え方の違いを手がかりに 3 次元情報を推定しており，それと同様の方針といえる。

しかし，人間は片目を閉じていても，かなり正確に 3 次元情報の推定を行うことができる。あるいは，写真を見たとき，複数視点での画像が得られないのにもかかわらず，3 次元情報の推定に困難を感じない。それはなぜかというと，画像と 3 次元シーンとの常識的な対応関係がどのようなものであるかを，過去の経験から学んでいるからである。すなわち，3 次元再構成には，幾何学的な推定という側面と，学習による推定という側面があるといえる。この項では，学習による推定に微分可能レンダリングが有用であることを説明する。

### 教師付き学習と弱教師付き学習

3 次元再構成の学習の最も素直なアプローチは，画像 $I_i$ とそれに対応する 3 次元モデル $\pi_i$ との組をたくさん用意して，図 8 (a) のように，画像を 3 次元モデルへと変換する関数 $\hat{\pi} = f(I)$ を教師付き学習で獲得することである。すなわち，画像 $I_i$ を受け取ったときの予測 $\hat{\pi}_i = f(I_i)$ と正解 $\pi_i$ が近づくように関数 $f$ を最適化していく。

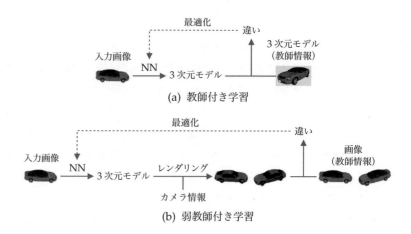

図 8　画像から 3 次元モデルを推定するニューラルネットワークの (a) 教師付き学習と (b) 弱教師付き学習。画像は [34] より引用。

　このアプローチの欠点は，学習データを作るコストが非常に高いことである。たとえば，画像識別の学習データを作成するためには画像にクラスラベルのアノテーションを付与する必要があるが，その作業は画像 1 枚当たり数秒で行うことができる。それに対し，画像に対して 3 次元モデルのアノテーションを付与するためには，3 次元モデリングの専門的な技術が必要であり，かつ 1 枚当たり数時間から数日を要するであろう。深層学習には一般に大量の学習データが必要なので，これでは実用に耐えうる大規模な学習データセットの作成は，現実的にほとんど不可能である。対象とする物体の種類を絞り，たとえばクルマのアノテーションとして既存の 3 次元クルマモデルから近いものを選び，その位置や向きを調整するだけで済ませる方法 [35] もあるが，この方式では学習データの正確性がかなり損なわれてしまう。そのため，3 次元再構成の教師付き学習は，大量の 3 次元モデルの CG データ [36] が得られる物体カテゴリ以外では，現実的ではない。

　より現実的なのは，3 次元モデルの代わりに多視点画像を教師情報として用いる方法 [2, 37, 38] である。3 次元再構成関数によって推定された $\hat{\pi}_i$ を教師情報と直接比べるのではなく，図 8 (b) のように，$\pi$ を $M$ 個の既知の視点 $\phi_{ij}$（$1 \leq j \leq M$）を用いてレンダリングした画像 $\hat{I}_{ij} = R(\hat{\pi}_i, \phi_{ij})$ を本来あるべき画像 $I_{ij}$ と比べることで，$f$ を学習する。そのような学習データは，キャリブレーションされた複数のカメラで物体を撮影するシステムから取得できるほか，特殊な撮影システムを用いずとも，複数の視点から写真を撮影して Structure-from-Motion でカメラパラメータを推定して作成することもできる。この方式は 3 次元再構成の学習に 3 次元モデルではなく 2 次元画像を用いるため，弱教

師付き学習に位置付けられ，教師付き学習に比べて学習データの作成コストを大幅に下げることができる。

　図 8 (b) ではカメラパラメータが既知であると仮定しているが，Structure-from-Motion では正確なカメラパラメータが得られるとは限らず，その精度が 3 次元再構成の学習のボトルネックとなりうる。そこで，3 次元形状に加えてカメラパラメータも画像から推定する手法が提案されている [39]。その際，カメラパラメータの推定が局所解に陥りやすいという問題に対処する必要がある。また，もしある物体を学習するのに複数の視点からの画像を必要とせず，1 視点からの 1 枚（$M = 1$）だけで済むならば，写真をわざわざ撮影するまでもなく，インターネットの画像検索エンジンや写真共有サイトで収集した画像を用いて学習データセットを構築することが可能になり，データセットの作成コストをさらに下げることができる。そのような動機で，1 物体 1 視点の画像で学習する手法も開発されている [11]。また，動画も 3 次元再構成の学習データとして活用でき [40]，動物などのように形が一定でないものの再構成も試みられている [41]。

## 3 次元表現

　3 次元再構成関数 $f$ は，どう実現すればよいだろうか。システム全体を一気通貫学習するために，この関数をニューラルネットワークで実現できるとよい。そのためには，まず 3 次元モデルをどのような形式で表すかを決める必要がある。代表的な 3 次元表現として，ボクセル，点群，メッシュ，ニューラル場が挙げられる（図 9）。

　ボクセルはピクセルを 3 次元へと拡張したもので，敵対的画像生成で畳み込み層を用いて画像を生成する [43] のと同様の方法で，簡単に生成することができる [44]。しかし，高解像度のボクセルの生成は，大量のメモリを必要とするため現実的ではなく，また低解像度のボクセルをレンダリングすると，解像度の低さに起因する粗さが目立つため，ボクセルは「レンダリングして比べる」というアプローチには不向きである。点群は点の集合で形状を表現する。生成は

| ボクセル | 点群 | メッシュ | ニューラル場 |

図 9　代表的な 3 次元表現。レンダリングして見比べるアプローチと相性が良いのは，メッシュとニューラル場である。図は [42] より引用し翻訳。

それほど難しくなく，たとえば $N$ 点からなる点群の予測は，単に $N \times 3$ 次元の
ベクトルを予測するだけで行える [45]。しかし，点群は面の表現ができないた
め，やはり高品質な画像をレンダリングするのが難しく，弱教師付き学習には
不向きである。

　有望な選択肢は，3 次元モデルを頂点と面の集合で表現するメッシュと，ニュー
ラルネットワークによる陰関数で形状を表現するニューラル場である。これら
について詳しく紹介する。

### メッシュを用いる場合

　メッシュは形状を頂点と面の集合で表現する。これは複雑な形状をコンパク
トに表現できるため，コンピュータグラフィクスでデファクトスタンダードと
なっている表現形式である。しかし，ボクセルや点群に比べると複雑な形式で
あり，深層学習で良いメッシュを生成するには，さまざまなテクニックが必要
になる。

　人の身体や手については，いくつかのパラメータからメッシュを生成するモ
デルが開発されている [47, 48][7]。これらを用いると，形状予測器は単にいくつ
かのパラメータを推定するだけで済むため，深層学習による一気通貫学習を実現
しやすい。画像から身体や手のポーズや形状を予測するタスクでは，そのキー
ポイントを教師情報として用いることができるが，大きなデータセットを構築
するのが難しく，またキーポイント情報だけでは 3 次元形状の曖昧性が高いと
いう問題がある。これについて，画像から推定した形状とポーズのパラメータ
を用いて 3 次元モデルのシルエットをレンダリングし，入力された画像のシル
エットと比べて違いを計算する方式の学習が，身体についても手についても提
案されている [46, 49]（図 10）。

　生成モデルがない物体カテゴリの形状を生成する簡便な方法として，あらか
じめ何らかのテンプレート形状（たとえば球）を用意しておき，その頂点の移
動を予測するという方法がある [2, 50, 51]。この場合，頂点が $N$ 個あるときに
は，ニューラルネットワークは $N \times 3$ 次元のベクトルを出力すればよい。この
方式ではテンプレート形状のトポロジーが変えられないため，たとえば球から
は穴の空いた物体や複数の物体からなるシーンは生成できないが，クルマ，椅
子，鳥などのシンプルな物体の形状はおおよそ表現でき，広く用いられている。
図 1 の椅子も球の変形で作られたものである。

　複数の物体からなる複雑なシーンのメッシュの生成を，深層学習を用いて行う
ことは難しい。特定の物体カテゴリに限らない，複数の物体や背景を含む一般
的なシーンの 3 次元再構成の学習には，メッシュはあまり適しておらず，ニュー
ラル場のほうが適しているのではないかと考えられる。

[7] これらもまた微分可能レン
ダリングを用いている。

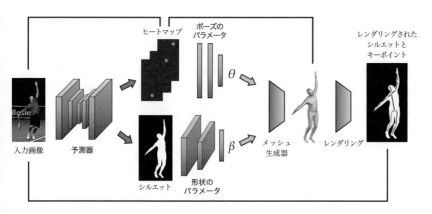

図 10　パラメトリック身体モデルのパラメータの推定を，レンダリングしたシルエットとキーポイントとを手がかりに学習する例 [46]。図は論文より引用し翻訳。

## ニューラル場を用いる場合

　ニューラル場 [52] では，3 次元空間上の点 $p$ の情報 $\pi_p$ は，ニューラルネットワーク $g$ にその座標をクエリすることによって得られる。表現できる 3 次元モデルの複雑さは，ボクセルの場合は空間解像度で，点群の場合は点の数で，メッシュの場合は頂点の数でおおよそ決まる。ニューラル場の場合はニューラルネットワークの表現力（パラメータ数，深さなど）で決まり，図 9 からもわかるように，伝統的な 3 次元表現よりも形状を高精細に表現しやすい。

　$\pi_p$ で表す幾何形状は，いくつか提案されている。

- 占有率：$\pi_p$ が占有率の場合，1 であるときはその点が物体の内部にあることを表し，0 であるときは外部にあることを表す [42, 53]。$\pi_p = g(p) = 0.5$ であるような点 $p$ を物体の表面と見なすことが多い。

- SDF（signed distance function）：$\pi_p$ が SDF の場合，$|\pi_p|$ が物体の表面までの距離を表す。符号が正の場合はその点が物体の内部にあることを表し，負である場合は外部にあることを表す [54]。$\pi_p = g(p) = 0$ であるような点 $p$ は物体の表面にある。

- 密度：$\pi_p$ が密度の場合，$\pi_p$ は非負の値で，ボリュームレンダリングにおける密度，すなわち光線がその位置に到達したときにそこで物体と衝突しやすいかどうかという情報を表す [8]。物体の表面の位置は定義されない。

いずれの方式でも，メッシュの生成と違い，さまざまなトポロジーをもつ形状を生成できることが利点である。一方，欠点としては，レンダリングするためにはカメラからピクセルに至る線上の多数の点でニューラルネットワークを評

価する必要があり時間がかかること，手作業による3次元モデルの修正・変更が難しいことが挙げられる。

単一画像3次元物体再構成のためには，$g$ の出力は座標だけではなく，入力画像にも条件付けられなければならない。1つの方法は，$g$ が座標 $p$ に加えて，画像から予測される形状コードを受け取るようにすることである [42]。このとき，画像から形状コードを予測する関数を $h$ とすると，$\pi_p = g(p, h(I))$ となる。もう1つは，$g$ のネットワークのパラメータを入力画像に応じて変化させる方法である [55]。ニューラル場を用いた単一画像3次元物体再構成 [56, 57] では，ボクセルの解像度やメッシュの頂点数・トポロジーなどに縛られない高品質な結果を得ることができ，身体・手以外の物体カテゴリでは，最も優位な選択肢であるといえる。

### その他の3次元表現

たとえば人の顔を3次元再構成するとき，再構成されたモデルは正面からはきちんとしている必要があるが，頭の裏側まで再構成されている必要はない，というユースケースがある。その場合には，顔の深度画像を3次元表現として用いることができる。この表現を用いて，人やネコの顔画像の集合だけから，それ以外のアノテーションをいっさい用いずに，形状・テクスチャ・照明・カメラポーズ推定を経由して単一画像3次元再構成を学習する手法が提案されている [7][8]（図11）。

[8] CVPR 2020 Best Paper Award 受賞。筆者が開発したレンダラー [2] が使用されている。

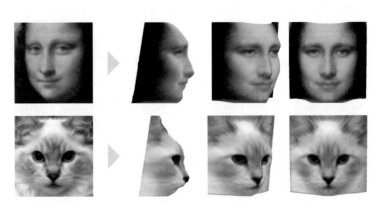

図11 顔画像の集合だけから，形状推定，テクスチャ推定，照明推定，カメラポーズ推定を学習する例。深度画像を3次元表現として用いている [7]。画像は論文より引用。

　複数の視点で撮影した画像から 3 次元再構成を行うとき，Structure-from-Motion や多視点ステレオの典型的な手法は，視点間の対応関係の検出に基づく幾何学的な推定にのみ集中し，「推定した結果の見た目が合っていそうか」という観点をあまり考慮しない。一方で，微分可能レンダリングによる 3 次元再構成は，推定結果の見た目を基準に行われ，視点間の対応を陽に考慮しない。その結果として，「3 次元形状はあまり正確ではないが，見た目は良い」という解が比較的得られやすい。

　3 次元再構成の応用の多くは，形状の正確性が重要である。たとえば，クルマやロボットの自律移動で周囲の 3 次元構造を把握するときや，ロボットが物体を把持するとき，テレビゲーム，映画，仮想現実，拡張現実のために 3 次元モデルのアセットを作成するときなどには，3 次元空間でのインタラクションを正しく行うために，形状が正確に推定されていなければならない。一方で，見た目に主な関心があり，形状を手がかりとするインタラクションの重要性が高くない応用もある。たとえば，3 次元スキャンによって美術品，文化財，思い出の品などをデジタル化するときや，スポーツやコンサートなどの自由視点映像を制作するとき，Google ストリートビューのような画像閲覧サービスを構築するときなどでは，3 次元シーンをいろいろな視点から見ることが主目的であり，形状の正確さよりも見た目の良さが優先される。

　図 2 で紹介したように，複数の画像をもとに，それらに含まれない新規な視点から見た画像を生成するタスクを，**自由視点画像生成，ビュー補間，新規ビュー生成**，あるいは**イメージベースレンダリング**という。このタスクは 3 次元再構成の一種と解釈できるが，形状よりも見た目の良さが重要視されるところが特徴的である。微分可能ボリュームレンダリングを用いる Neural Radiance Fields (NeRF) [8][9] は，自由視点画像生成における近年の大きなブレイクスルーである。この項では，NeRF の概要とその特性，および派生研究を紹介する。

[9] ECCV 2020 Best Paper Honorable Mention Award 受賞。

### Neural Radiance Fields（NeRF）

　NeRF の入力は，複数の画像とそのカメラポーズである。論文 [8] 中では 1 シーン当たり 100 枚程度の画像と，COLMAP [58] で推定したカメラポーズを用いている。

　NeRF の特徴は，ニューラル場で表されるシーンをボリュームレンダリングすることである。3 次元空間上の点 $p \in \mathbb{R}^3$ と視線の方向を表すベクトル $d \in \mathbb{R}^3$ が与えられたとき，その点の密度 $\sigma \in \mathbb{R}$ と色 $c \in \mathbb{R}^3$ は，ニューラルネットワーク（NN）$f$ と $g$ を用いて以下のように定義される。

$$\sigma = f(p) \tag{5}$$

$$c = g(p, d) \tag{6}$$

この定式化の特徴は，密度（その点にモノがありそうな度合い）はその点の座標のみで決定されるのに対して，色の決定には視線の方向も考慮されることである。これによって，見る角度によって色が違うマテリアルを扱えるようになる。

このニューラル場のレンダリングは，1ピクセルずつ独立に行われる。概要は以下のとおりである。

1. カメラからピクセルに至るレイの始点ベクトル $o \in \mathbb{R}^3$ と，方向ベクトル $d \in \mathbb{R}^3$ を計算する。
2. レイ上のあらゆる点 $p = o + td$ $(0 < t)$ で，その点の密度を NN $f$ から得て，その点でモノにぶつかる確率を計算する。また，ぶつかるとしたらどのような色であるかを NN $g$ から得る。実際には無限個の点での計算は不可能なので，離散的なサンプリングで近似する。
3. その情報をもとに，レイがカメラから出発したときにどのあたりでモノにぶつかるかを示す確率分布を計算する。
4. モノとぶつかる確率の分布とそれぞれの点の色の情報から，ピクセルの色の期待値を計算する。

NN $f$ と NN $g$ は，レンダリングされた色が実際のピクセルの色に近づくように訓練される。損失関数としてはピクセルの色の2乗誤差を用いる。密度場ではレイがぶつかる点，すなわち物体の表面がどこにあるかが確率密度分布で表現されるため，ある点が表面であるか否かをデジタルに表現する占有率場やSDF場よりも局所解に陥りにくいことが，利点として知られている [59, 60]。

NeRF の性能は驚異的である。図2はCGによる合成データの実験結果だが，実画像でもほぼ同等の質で画像生成を行うことができる。図12に，実画像データセットから生成された画像を示す。新規に生成された画像だとは気づかないような質の高い画像が生成できることがわかる。

### NeRF の拡張

NeRF の入力となるデータを用意するとき，すべてのものが静止したシーンの画像を何百枚も撮影するよりも，動きを含むシーンの動画を撮影するほうが自然である。たとえば，複数視点からのセルフィーの撮影では，撮影中に完璧に静止することは難しく，またスポーツやコンサートなどの記録では，自由視点写真ではなく自由視点映像に需要がある。そのため，NeRF の動画への応用が広く試みられている（図13）。1つの方法は，NeRF の入力を時刻 $t$ を含めた

図 12　NeRF による実画像の自由視点画像生成 [8]。得られた 3 次元モデルを 3 つの視点からレンダリングしている。骨格の細かい部分も破綻なく表現され（上），クルマの表面のような反射が強く視点によって色が異なって見える領域も自然に描画されている（下）。画像は論文より引用。

入力画像

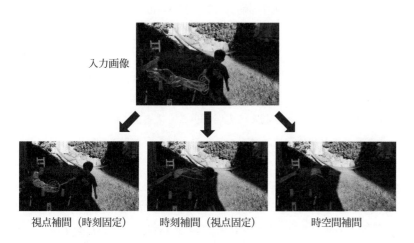

視点補間（時刻固定）　　　　時刻補間（視点固定）　　　　　時空間補間

図 13　NeRF の動画への拡張 [61]。時刻を固定して視点を変えるほかに，視点を固定して時刻を変えることもできる。画像は論文より引用。

4 次元へと拡張し，

$$\sigma = f(p, t) \tag{7}$$

とすることである [62, 63]。別の方法は，時刻に依存しない密度場と，密度場の変形でシーンを表現することである。このアプローチでの密度は，変形を表す NN $h$ を用いて

$$\sigma = f(p + h(p, t)) \tag{8}$$

と定義される [61, 64, 65, 66]。動画では解の自由度が高くなるのに対して，観測

の数が相対的に少なくなり，良い解に至るのが難しい。そのため，この2種類の定式化では，表現力が制約される後者のほうが満足な解が得られやすい。さらに，さまざまな正則化項を加えると有効であることが知られており，「変形場 $h$ の値はなるべく小さいこと」「変形場 $h$ は滑らかであり，$p$ と $t$ を微小変化させても大きく変化しないこと」「単眼深度推定モデルの予測結果と NeRF の深度マップが一致すること」「画像から予測されるオプティカルフローと NeRF のフローが一致すること」などの制約が提案されている。

数百枚の写真の撮影は手間がかかるが，観光地などに限れば，同一のシーンの写真をインターネット上で簡単に収集することができる。また，失われた文化財など，写真はたくさん残されているが新たな撮影は不可能というケースもある。そのため，撮影条件の揃っていない画像からの NeRF が提案されている [67]。

屋内などの比較的狭いシーンではなく，屋外で視点が360度変化するような難しい設定での NeRF も試みられている [68, 69]。車載カメラの映像を用いて街スケールで NeRF を適用する研究では，1つの巨大な NN を用いるのではなく，街のブロック単位で小さなネットワークに分割するほうがよいことが示されている [70]。

NeRF はカメラポーズが既知であることを仮定しているが，実際には Structure-from-Motion で推定されたカメラポーズは完全には正確ではない。NeRF でレンダリングされた画像と観測との違いを小さくするようにカメラポーズを修正することで，より正確なカメラポーズが得られることが示されている [71, 72]。

### NeRF の改善

NeRF の欠点の1つは，レンダリングに時間がかかることである。標準的な設定では，1ピクセルをレンダリングするために数百の点を $f$ と $g$ にクエリする必要があり，GPU を利用しても画像1枚のレンダリングに1分程度かかってしまう。この問題への対策として，NN に加えて疎なボクセル構造を保持することでクエリすべき点の候補を減らせること [74] や，いったん最適化した大きな NN をボクセルのセルごとに小さな NN をもつように知識蒸留することで，レンダリングを 2,500 倍も高速化できること [75] が示されている。

NeRF は最適化にも時間がかかる。標準的な設定では4時間ほどかかるが，その時間のほとんどは NN が3次元座標を良い埋め込み特徴量へと変換することに費やされる。その対策として，座標から埋め込み特徴量への変換をボクセル構造とハッシュ化を駆使してあらかじめ作り込むことで，最適化の時間を約5秒にまで短縮できることが示されている [76]。

NeRF で推定される3次元形状は，あまり正確ではない傾向がある。これには以下のような理由が挙げられる。

- 視線方向によって色が異なるマテリアルを表現できることの副作用として，$g$ の表現力が十分大きい場合には，どのような密度場であっても（密度場で表される 3 次元形状がどんなに不正確であろうとも）入力画像を再現する $g$ を得ることができ，未知の視点へ汎化しないことがある [77]。
- 「モノがありそうな度合い」を表す密度を使う際，「適当な閾値より密度が大きいところにはモノがあると見なす」というやり方では閾値の設定が難しく，正確に表面を得ることができない [78]。
- レイがモノとぶつかる位置の期待値から得られる深度マップは視点間で一貫性があるとは限らず，ある視点から物体表面と判定された点が，別の視点でのレイでは通過される可能性がある。

2 つ目と 3 つ目は，表面の位置が定義されないことに由来する。一方で，占有率や SDF を表すニューラル場では，表面の位置が一意に定まるが，最適化が難しいという欠点がある。そこで，密度と SDF を合わせたシーン表現を用いることで，自由視点画像生成の性能をほとんど落とすことなく，形状推定の精度を改善できることが示されている [59, 60, 78]（図 14）。

NeRF はシーンの表現力が高いため，入力される画像の枚数が少ないときには入力画像の視点に過剰適合してしまい，入力画像を再現することはできるが，視点を少し動かすと（入力画像の視点からは見えない）ノイズが現れる解に陥ってしまう（図 15）。これは，少数の画像では再構成に必要な情報が不足するためなので，単一画像 3 次元再構成のように，あらかじめデータから画像と 3 次元シーンとの関係を獲得するアプローチが有効である。このネットワークアーキテクチャは，単一画像 3 次元再構成を多視点入力に拡張したものと解釈でき，多視点の画像から NeRF を推定するための NN を用意し，それを微分可能レンダリングを通じて訓練する，という方式をとる [73, 79, 80]。複数の画像が入力

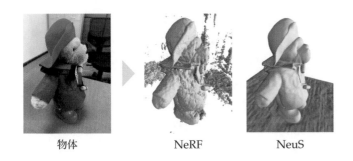

物体　　　　　　　NeRF　　　　　　　NeuS

図 14　NeRF のジオメトリの改善 [59]。NeuS と呼ばれる手法では，密度場と SDF 場を組み合わせることによって物体の表面の形状を精緻に求めることができる。画像は論文より引用。

入力画像（3 視点）

NeRF　　　　　　　　　　　　　　pixelNeRF

図 15　少数の画像からの NeRF の例。入力される画像の枚数が少ないときには，入力画像だけから良い NeRF を得ることは難しく，画像から NeRF を推定する NN を学習する pixelNeRF [73] が効果的である。画像は論文より引用。

されることを活かして，多視点ステレオのように視点間の対応関係を検出しながら NeRF を推定するアプローチが特に効果的である [80]。

### 3.4　まとめ

　微分可能レンダリングの最も素直な用途は，3 次元幾何形状，物性，照明，カメラ情報を「レンダリングした画像」が「期待する出力画像」に合うように最適化することである。「画像の違い」を測るのは，複雑な関数，たとえば NN によるスタイル類似度でもよい。また，目的関数は画像どうしの比較でなくてもよく，たとえば画像識別器の識別結果でもよい。

　微分可能レンダリングは，単一画像 3 次元再構成を 3 次元モデルを用いずに画像から学習することに活用できる。3 次元表現として何を用いるかで手法が大きく分かれ，人の身体や手などの高品質なメッシュ生成モデルが利用可能な物体カテゴリについてはメッシュを用い，それ以外の物体カテゴリではニューラル場を用いるというのが，いま現在での良い選択肢である。複数の物体からなる複雑なシーンの単一画像 3 次元再構成は，まだ十分に解かれていないタスクである。

　3 次元形状の正確さではなく，見た目の良さを重視する自由視点画像生成は，NeRF の登場をきっかけに急速に発展した。NeRF は動画や雑多な画像，広いシーンへと対応できるように拡張されてきており，欠点であったレンダリングの遅さや 3 次元形状推定の不正確さも，改善されてきている。

# 4 微分可能レンダリングの仕組み

　前節では，微分可能レンダリングをどのように応用できるのかを述べた。本節では，そのような応用を可能にする微分可能レンダリングそのものの仕組みと技術的課題を述べる。

　3次元シーンの表現方法に応じて，微分可能レンダリングの実現方法はまったく異なる。メッシュのラスタライズ，メッシュの物理ベースレンダリング，密度を表現するニューラル場，SDF を表現するニューラル場について，項を分けて述べる。

　メッシュのレンダリングの方式は，大きく分けて2つある。高速な描画を特徴とするラスタライズと，間接光などの複雑な現象をモデル化して写実的な描画を行う物理ベースレンダリングである。深層学習に微分可能レンダリングを組み込むときには，レンダリング速度が重要であるため，ラスタライズを選択するほうがよく，物理ベースレンダリングの描画速度では，現実的な時間で学習が終えられない場合がほとんどである。一方で，金属などの光の反射が強い素材や透明な素材を扱うとき，また間接光や影などを考慮した3次元再構成を行うときには，物理ベースレンダリングを用いる必要がある。

## 4.1　メッシュのラスタライズ

　メッシュで3次元モデルを表すときの最小単位は，三角形ポリゴンである。レンダリングのパイプラインでは，まず世界座標系にあるポリゴンをカメラ情報を用いてスクリーンへ投影する。この処理は単純な行列演算で表され，素直に微分可能である。

　図16のように，単色で塗られたいくつかの三角形ポリゴンがスクリーンに投影されている状況を考える。このとき，ピクセルの色を決定する方法は2通

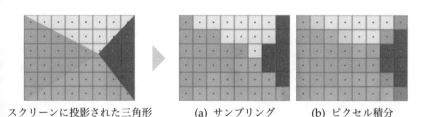

スクリーンに投影された三角形　　　(a) サンプリング　　　(b) ピクセル積分

図16　4枚の三角形がスクリーン上に投影され，8×6ピクセルの画像が描画される。ピクセルの色を決めるとき，(a) ピクセルの中心点が属する三角形の色をサンプルする方法と，(b) ピクセル内の色の平均をとる（ピクセル内で積分する）方法がある。前者は実時間レンダリング（ラスタライズ）に用いられ，後者は物理ベースレンダリングに用いられる。

10) 実際には，アンチエイリアシングのためにピクセル内の複数の点をサンプルしてその平均をとることが多いが，その場合でも議論の大筋は変わらない。

りある。1つは，カメラから出発してピクセルの中心の点を通過するレイと衝突する三角形を検出し，最もカメラに近い三角形の色を採用する方法である[10]。ラスタライズというときにはこの処理を指すことが多く，計算が速いため，実時間レンダリングで主流の方法である。もう1つは，ピクセルの中を通るすべてのレイの色を平均する（ピクセル内で色を積分する）方法であり，光の物理的な振る舞いのモデル化と相性が良いため，主に物理ベースレンダリングで用いられる。

サンプリングによってピクセルの色が決定されるとする。簡単のため，1つのピクセルとそれに対応する1つの三角形のみを考え，ピクセルの色を $c_p$，三角形の色を $c$，三角形の頂点のスクリーン上での座標を $v_i \in \mathbb{R}^2$（$1 \le i \le 3$）とする。このとき，レンダリング関数の入力となる3次元モデルのパラメータは $\pi = \{c, v_i\}$ で，出力は $c_p$ である。ピクセルの色は三角形の色と同じ $c_p = c$ で，ピクセルの色を三角形の色で微分すると $\partial c_p / \partial c = 1$ であり，この値を三角形の色の最適化に利用することができる。一方で，頂点 $v_i$ はピクセルの色に影響せず $\partial c_p / \partial v_i = 0$ なので，微分値を用いて勾配降下法で頂点の値を修正することはできない。つまり，このままでは三角形の形状の最適化は行えないということになる。これがメッシュの微分可能ラスタライズの主要な問題である。

3次元形状の最適化のためには，$\partial c_p / \partial v_i$ に非ゼロの値をもたせる必要があり，これには図17に示す2つの方針がある。1つ目の方針は，レンダリングされる画像をまったく変えないまま，逆伝播時に計算される「微分値」に非ゼロの疑似的な値を与えることである。この方針は，OpenDR [1]，Neural Mesh Renderer（NMR）[2]，nvdiffrast [82] で採用されている。この方針には，レンダリングされる画像の質が劣化しない利点がある一方で，微分値が「嘘」なので，最適化の収束がやや不安定になるという欠点がある。

NMRを例として取り上げる。図18のように，処理対象のピクセル $p$ が三角

|  |  |  |  |
| --- | --- | --- | --- |
| 3次元モデル | 順伝播 → / ← 逆伝播（改変） |  | 3次元モデル | 順伝播（改変）→ / ← 逆伝播 |

(a) 逆伝播を改変する　　　　　　　(b) 順伝播を改変する
　　微分可能ラスタライズ　　　　　　　　微分可能ラスタライズ

図17　メッシュの微分可能ラスタライズには，(a) 順伝播には変更を加えず，逆伝播時に頂点に非ゼロの勾配を与える方法と，(b) 順伝播時に形状をぼかして描画し，逆伝播には自動微分を用いる方法がある。画像は [81] より引用。

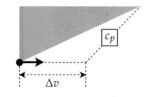
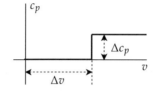

(a) スクリーン上の頂点とピクセル　　(b) 頂点の移動による色の変化

図 18　(a) 頂点 $v$ とピクセル $p$ のスクリーン上での関係と，(b) 頂点 $v$ の位置とピクセルの色 $c_p$ の関係。頂点が $\Delta v$ だけ移動すると $p$ と三角形が衝突し，色が $\Delta c_p$ だけ変化する。

形の外側にあるとする。このとき，頂点（座標 $v$）を水平方向に少しだけ動かしても，ピクセルの色 $c_p$ はまったく変化しない。しかし，頂点を大きく $\Delta v$ 動かすと，点 $p$ は三角形の内部に入り，このとき $c_p$ は $\Delta c_p$ だけ変化する。NMRでは，頂点を（微小ではない）$\Delta v$ だけ動かすと，ピクセルの色が $\Delta c_p$ だけ変化することから，$\partial c_p / \partial v \leftarrow \Delta c_p / \Delta v$ と定義する。レンダリング時には，すべてのピクセルとすべての頂点の対について，この値が計算される。実際には，最適化したい関数 $\mathcal{L}$ をピクセルの色で微分した $\partial \mathcal{L} / \partial c_p$ を用いてもう少し複雑な計算がなされるが，煩雑なためここでは省略する。

　非ゼロの $\partial c_p / \partial v_i$ を得るためのもう 1 つの方法は，図 17 (b) のように，$c_p$ の定義，すなわちレンダリングされる画像を変えてしまうことである。このアプローチは，SoftRasterizer [81] と，それをライブラリ化した PyTorch3D [5]，DIB-R [83] で採用されている。これらの手法では，すべてのポリゴンの辺をぼかして描画する。これによって，ピクセルの色は三角形の中の色か外の色かの離散値ではなく，その中間の値をとれるようになり，頂点が微小変化してピクセルに近づいたり遠ざかったりするとピクセルの色もまた微小変化する，という関係を伝えられるようになる。最適化は安定しやすいが，ぼかして描画するため，真の見え方とは違うものを基準に評価関数が計算されることと，ぼかし具合を決めるハイパーパラメータの調整が難しいことが難点である。

　筆者の経験では，レンダリングされる画像を変えずに疑似的な勾配を与える方法でも，レンダリングされる画像をぼかすことで非ゼロの勾配を得る方法でも，十分にチューニングすれば，性能にほとんど差はないようである。そのため，性能の違いを基準に微分可能レンダリングの手法を選ぶよりも，ライブラリの使いやすさや速度を基準に選ぶほうがよいと考えている。手軽に使える実装については，次節でまとめる。

　カメラパラメータはポリゴンを世界座標からスクリーン座標に投影する際に用いられるため，ピクセルの色をカメラパラメータで偏微分した値は，スクリー

ン上での頂点座標 $v_i$ を通じて自動微分で計算できる．また，ポリゴンの色 $c$ は，通常は定数ではなくマテリアル情報と照明情報からシェーディングモデルを用いて決定され，Phong モデルや Cook-Torrance モデルなどのよく用いられるシェーディングモデルは微分可能な演算で実現されるため，ピクセルの色をマテリアルや照明で偏微分した値もまた，三角形の色 $c$ を通じて自動微分で計算できる．

### 4.2　メッシュの物理ベースレンダリング

　写実的な画像を描画できる物理ベース微分可能レンダリングは，非常に研究が活発なトピックであり，主に SIGGRAPH などのコンピュータグラフィクスの会議で発表されている．紙面が限られているため，ここではその核となるアイデアのみを簡潔に紹介する．詳しい資料としては，第一人者によるチュートリアル [84] がお薦めである．

　図 16 で，ラスタライズではピクセルの中心点でのサンプリングによってピクセルの色を決定した．物理ベースレンダリングでは，色はピクセル内の色を平均することによって決定される．ピクセルの色を $c_p$，三角形の頂点座標を $v$，ある点 $x$ に対応する三角形の色を $c(x; v)$ とすると，これはピクセル内の点での積分

$$c_p = \int_x c(x; v) dx \tag{9}$$

と定義される．しかし，実際には連続的な積分を厳密に計算することはできず，離散的に近似する必要があるため，ピクセル内のランダムな $N$ 個の点 $x_i$ をサンプルするモンテカルロ近似によって，

$$c_p \simeq \frac{1}{N} \sum_{i=1}^{N} c(x_i; v) \tag{10}$$

と計算する．$N = 1$，かつサンプリングされる点がピクセルの中心であるとき，この結果はラスタライズと一致する．

　ピクセル内に三角形の辺が含まれ，$N$ 個のサンプリング点のうち $N_a$ 点が三角形の内部，$N_b$ 点が外部にあるとし，内部と外部の色を $c_a$ と $c_b$ とする．このとき，ピクセルの色は

$$c_p = \frac{N_a c_a + N_b c_b}{N} \tag{11}$$

となる．ところで，三角形の辺が微小に移動するとき，ピクセルの色も微小に変化するはずだが，上式では $c_p$ は三角形の頂点 $v$ に依存しないため，ピクセルの色 $c_p$ の三角形の頂点 $v$ に対する勾配はゼロである．

なぜこのようなことが起こるのかというと，一般に「積分をモンテカルロ近似したものの微分」では「積分の微分」を近似できないから，つまり

$$\frac{\partial}{\partial v}\int_x c(x;v)dx \not\approx \frac{\partial}{\partial v}\frac{1}{N}\sum_i c(x_i;v) \tag{12}$$

であるからである。ピクセル内に三角形の辺が含まれるとき，$v$ が微小変化することによって辺がわずかに移動し，それに伴い各サンプリング点にどの三角形が割り当てられるかが変化するはずであるが，ピクセル内でランダムな点をサンプルするモンテカルロ近似では，この関係を伝えることができない（図19 (a)）。

積分区間に（三角形の辺のような）不連続点を含む場合の微分は，レイノルズの輸送定理を用いて変形した式を離散的に近似することで正しく計算でき，これはピクセルの色の決定の文脈では「ピクセル内のランダムな点」に加えて「三角形の辺の上でのランダムな点」でサンプリングすることによって実現できる [3, 85]（図19 (b)）。頂点の微小な移動に伴い辺が移動することでピクセルの色がどう変化するかという情報は，辺の上でサンプリングされた点によって伝えられることになる。

理論上はこれで微分値が得られることになるが，実用上はまださまざまな困難がある。

- 深層学習向けの汎用的な自動微分フレームワークで物理ベース微分可能レンダリングを実装すると，計算グラフが大きくなりすぎるため，メモリ消費量と計算量が現実的な範囲に収まらない。そのため，専用の自動微分ライブラリとコンパイラが開発され [86]，効率的な計算方法が提案されている [87, 88]。
- モンテカルロ近似を行うとき，通常のレンダリングのために開発された

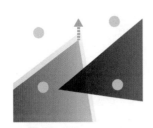
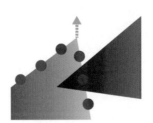

(a) 領域サンプリング    (b) 辺サンプリング

図19　ピクセル内での積分で色を決定するとき，ピクセル内に三角形の辺が含まれる場合には，ピクセル内のランダムな点でのサンプリング (a) で近似するだけでは三角形の微小移動に伴う色の変化の情報を伝えられず，三角形の辺の上でもサンプリングを行う (b) 必要がある [3]。図は論文より引用し翻訳。

既存のサンプリング戦略は微分値の計算に適しているとは限らず，特別なサンプリング方法が検討されている [23, 89]。

- 微分値の計算のために三角形の辺の上にサンプリング点をとる際，辺をすべて見つけて効率的にサンプリングすることは容易ではなく，サンプリングしやすい形式の検討がなされている [24, 90]。また，微分値をモンテカルロ近似するのではなく，厳密解を解析的に計算する試みもある [91]。
- ボリュームのレンダリングについても，物理ベース微分可能レンダリングが試みられている [85, 92]。

このように，メッシュの微分可能ラスタライズ手法は比較的確立されているのに対し，物理ベースレンダリングはまだ残された研究事項が多く，今後の大きな発展が見込まれる技術である。

### 4.3　ニューラル場（密度）のレンダリング

前節で，NeRF で用いられているニューラル密度場のボリュームレンダリングの概要を説明した。この手順を数式を用いて表すと，以下のようになる。

1. ピクセルに対応するレイの，世界座標系での始点 $o \in \mathbb{R}^3$ と向き $d \in \mathbb{R}^3$ をカメラパラメータを使って得る。
2. 適当な方法で，$M$ 個のレイ上のサンプリング点 $t_i$（$0 < t_i < t_{i+1}$, $1 \le i \le M$）を生成する。レイ上の点は $p_i = o + t_i d$ と表される。
3. レイ上のすべてのサンプリング点で，NN $f$ と NN $g$ からその点の密度 $\sigma_i$ と色 $c_i$ を得る。

$$\sigma_i = f(p) \tag{13}$$

$$c_i = g(p, d) \tag{14}$$

4. レイが $p_i$ に到達したときに，$p_{i+1}$ までの間にモノとぶつかる確率分布 $\alpha_i$ を計算する。

$$\delta_i = t_{i+1} - t_i \tag{15}$$

$$\alpha_i = 1 - \exp(-\delta_i \sigma_i) \tag{16}$$

5. レイが $p_i$ に到達し，かつ $p_i$ と $p_{i+i}$ の間でモノにぶつかる確率分布 $w_i$ は

$$w_i = \alpha_i \prod_{j=1}^{i-1}(1 - \alpha_j) \tag{17}$$

と計算できる。

6. レイの色の期待値は，レイがぶつかる位置の確率分布 $w_i$ と色 $c_i$ を用いて，その期待値

$$c = \sum_i w_i c_i \tag{18}$$

と定義する。

これらの手続きはすべて微分可能であり，不連続性は介在しない。そのため，メッシュのレンダリングとは異なり，特別な取り扱いを行わなくても，自動微分フレームワークで素直に実装するだけで微分可能レンダリングが実現できる。

## 4.4 ニューラル場（SDF）のレンダリング

SDF では，関数 $f$ の出力がゼロになるところが表面であり，ボリュームレンダリングとは異なり，レイが物体と衝突する点が 1 点に定まる。レンダリング時にはまずカメラからレイが出発し，微小幅の前進を繰り返しながら $f$ へのクエリを行い，$f$ の出力がゼロになる，カメラに最も近い点 $\hat{p}$ を探す。そして，その点の色 $c_p = g(\hat{p})$ をそのピクセルの色とする。

ただ，これを素直に自動微分フレームワークで実装するだけでは，正しい微分値は得られない。NN のパラメータを $\theta$ とすると，出力される色の微分値は

$$\frac{\partial c_p}{\partial \theta} = \frac{\partial g(\hat{p})}{\partial \theta} + \frac{\partial g(\hat{p})}{\partial \hat{p}} \frac{\partial \hat{p}}{\partial \theta} \tag{19}$$

であるが，自動微分で計算できるのは 1 項目のみであり，2 項目，すなわちパラメータ $\theta$ が変動することによって物体の表面の点 $\hat{p}$ が変動することの影響が含まれていないからである。この項は解析的に計算することができ，実装時に勾配の計算方法を改変して付け加えておく必要がある [57, 93]。

## 4.5 まとめ

微分可能レンダリングの手法は，メッシュのラスタライズに基づくレンダリング，メッシュの物理ベースレンダリング，ニューラル場（密度）のボリュームレンダリング，ニューラル場（SDF）のレンダリングに大別される。メッシュの場合は三角形の辺で生じる不連続性に対処する必要があるのに対し，ニューラル場の微分可能レンダリングは比較的素直に行うことができる。物理ベース微分可能レンダリングは発展途上の分野である一方で，それ以外の手法は技術的な発展は比較的落ち着いており，確立された手法が存在している。

　ニューラル場の微分可能レンダリングは，前述のとおりシンプルに実装できるため，第三者が提供する実装を用いる必要性はそれほど高くない。一方で，メッシュの微分可能レンダリングは複雑な処理であるため，手軽に使えるようにしたさまざまなライブラリが開発されている。微分可能レンダリング機能を提供する代表的なライブラリの，レンダリングの種類，登場年，サポートする深層学習フレームワークを表1にまとめた。それぞれの特徴は以下のとおりである。

- **OpenDR** [1]：微分可能レンダリングの元祖。深層学習との連携は想定されず，自動微分フレームワークとの接続はサポートされていない。
- **Neural Renderer** [2]：筆者が東京大学の原田研究室で開発したもの。2022年3月現在で少なくとも84本の論文で使用されており，利用実績は多いが，新しいライブラリにやや押され気味である。照明やマテリアルなどの機能は充実していない。
- **TensorFlow Graphics** [4]：レンダリングを含むさまざまな微分可能グラフィクス機能を提供する，Googleが開発したライブラリ。開発はあまり活発ではない。
- **Kaolin** [6]：NVIDIAの研究者らによって開発されたもので，手法はDIB-R [83] に基づく。レンダリングに留まらず，3次元ビジョンの研究全体をカバーすることを目指している。
- **PyTorch3D** [5]：Facebookの研究者らによって開発されたもので，手法はSoft Rasterizer [81] に基づく。開発が盛んでユーザー数が多く，ドキュメントも充実している。
- **nvdiffrast** [82]：NVIDIAのリアルタイムレンダリングの研究者らによって開発されたもので，レンダリング速度が速いことが長所である。ラス

表 1　代表的な微分可能レンダリングライブラリの一覧

| 名　前 | レンダリングの種類 | 登場年 | 深層学習フレームワーク |
|---|---|---|---|
| OpenDR | ラスタライズ | 2014 | — |
| Neural Renderer | ラスタライズ | 2018 | Chainer / PyTorch |
| TensorFlow Graphics | ラスタライズ | 2019 | TensorFlow |
| Kaolin | ラスタライズ | 2020 | PyTorch |
| PyTorch3D | ラスタライズ | 2020 | PyTorch |
| nvdiffrast | ラスタライズ | 2020 | PyTorch / TensorFlow |
| redner | 物理ベース | 2018 | PyTorch / TensorFlow |
| Mitsuba 2 | 物理ベース | 2020 | PyTorch |

タライズ機能のみ提供され，カメラモデルや照明モデルなどは提供されない。

- **redner** [3]：物理ベース微分可能レンダリングの元祖。
- **Mitsuba 2** [86]：コンピュータグラフィクスの研究に広く用いられている Mitsuba レンダラー [94] の後継。

微分可能レンダリングをとりあえず使ってみるという人に最も推薦できるのは，ユーザー数が多くドキュメントが充実している PyTorch3D である。深層学習と合わせて本格的に使う場合には，ラスタライズ機能以外は提供されないためカメラや照明などを自分で実装する必要はあるが，圧倒的に高速な nvdiffrast も良い選択肢である[11]。

物理ベース微分可能レンダリングは発展の途上にあり，それ自体を本格的に研究する研究者以外が手軽に使う段階にはまだ至っていないように思われるが，複雑なマテリアルや照明が関係する最適化が必要なときは，物理ベース微分可能レンダリングを用いる必要があり，その場合には，定評ある Mitsuba の後継である Mitsuba 2 が第一の選択肢となると思われる。

11) ただし商用利用は不可。

## 6　おわりに

本稿では，微分可能レンダリングについて，その基本的な発想と，具体的な応用，技術的な課題とライブラリについて紹介した。「見ればわかるでしょ」という方針で 3 次元モデルと画像とを見比べながら 3 次元モデルを少しずつ修正するのが基本的な使い方であり，画像を使った 3 次元再構成や自由視点画像生成に用いることができ，さらに，深層学習と組み合わせることで 3 次元再構成の学習も可能となる。いくつものライブラリが公開されており，手軽に使い始めることができる。

レンダリングとは，3 次元の世界から画像を生成するプロセスであり，つまりカメラのシミュレータであるといえる。コンピュータビジョンは画像を扱う分野であり，ほとんどすべての場面でカメラが登場するので，ほとんどすべての場面に微分可能レンダリングが登場してもよいはずである。微分可能レンダリングは，今のところ 3 次元コンピュータビジョンのための道具と見なされているが，現在は 2 次元でのみ扱われているタスク，たとえば画像識別やセグメンテーションなども，本質的には 2 次元画像の向こう側にある 3 次元世界を推定するものなので，将来的には微分可能レンダリングが活躍できる可能性が十分にあるはずである。実際，たとえば画像生成タスクでは，3 次元構造を陽に考慮するアプローチが成功し始めている [95]。

さらには，深層学習を一般化した微分可能プログラミングに目を向けると，微

分可能レンダリングの応用は，コンピュータビジョンの範囲に留まらないと考えられる。たとえば，微分可能プログラミングは大気科学に用いられている [96]。大気科学には気象衛星というカメラも使われているので，微分可能レンダリングと組み合わせることで，これまでには難しかった解析が可能になり，新たな現象の解明に繋がるかもしれない。そのほかに，微分可能流体シミュレータや剛体シミュレータなどとも組み合わせることが可能だろう。また，コンピュータビジョンの成果がブラックホールの観測に貢献した [97] ことを踏まえると，微分可能天体観測システムが物理学や天文学に貢献する可能性もある。

　微分可能レンダリングは最近注目され始めたばかりの技術であり，日々さまざまな改良や応用が提案される状況にある。将来的にどのような世界が開けるのかは，まったく明らかになっていない。本稿の読者がなんらかのインスピレーションを得て新たな領域を切り開いてくれることを，筆者は期待している。

## 参考文献

[1] Matthew M. Loper and Michael J. Black. OpenDR: An approximate differentiable renderer. In *ECCV*, 2014.

[2] Hiroharu Kato, Yoshitaka Ushiku, and Tatsuya Harada. Neural 3D mesh renderer. In *CVPR*, 2018.

[3] Tzu-Mao Li, Miika Aittala, Frédo Durand, and Jaakko Lehtinen. Differentiable Monte Carlo ray tracing through edge sampling. *ACM Transactions on Graphics*, Vol. 37, No. 6, pp. 1–11, 2018.

[4] Julien Valentin, Cem Keskin, Pavel Pidlypenskyi, Ameesh Makadia, Avneesh Sud, and Sofien Bouaziz. TensorFlow graphics: Computer graphics meets deep learning. 2019.

[5] Nikhila Ravi, Jeremy Reizenstein, David Novotny, Taylor Gordon, Wan-Yen Lo, Justin Johnson, and Georgia Gkioxari. Accelerating 3D deep learning with PyTorch3D. *arXiv:2007.08501*, 2020.

[6] Krishna Murthy Jatavallabhula, Edward Smith, Jean-Francois Lafleche, Clement Fuji Tsang, Artem Rozantsev, Wenzheng Chen, Tommy Xiang, Rev Lebaredian, Sanja Fidler. Kaolin: A PyTorch library for accelerating 3D deep learning research. *arXiv:1911.05063*, 2022.

[7] Shangzhe Wu, Christian Rupprecht, and Andrea Vedaldi. Unsupervised learning of probably symmetric deformable 3D objects from images in the wild. In *CVPR*, 2020.

[8] Ben Mildenhall, Pratul P. Srinivasan, Matthew Tancik, Jonathan T. Barron, Ravi Ramamoorthi, and Ren Ng. NeRF: Representing scenes as neural radiance fields for view synthesis. In *ECCV*, 2020.

[9] Michael Niemeyer and Andreas Geiger. GIRAFFE: Representing scenes as compositional generative neural feature fields. In *CVPR*, 2021.

[10] Jonathan T. Barron, Ben Mildenhall, Matthew Tancik, Peter Hedman, Ricardo Martin-

Brualla, and Pratul P. Srinivasan. Mip-NeRF: A multiscale representation for anti-aliasing neural radiance fields. In *ICCV*, 2021.

[11] Hiroharu Kato and Tatsuya Harada. Learning view priors for single-view 3D reconstruction. In *CVPR*, 2019.

[12] Yasutaka Furukawa and Carlos Hernández. Multi-view stereo: A tutorial. *Foundations and Trends in Computer Graphics and Vision*, Vol. 9, No. 1-2, pp. 1–148, 2015.

[13] David G. Lowe. Object recognition from local scale-invariant features. In *ICCV*, 1999.

[14] Navneet Dalal and Bill Triggs. Histograms of oriented gradients for human detection. In *CVPR*, 2005.

[15] Wei-Chen Chiu and Mario Fritz. See the difference: Direct pre-image reconstruction and pose estimation by differentiating hog. In *ICCV*, 2015.

[16] Edgar Riba, Dmytro Mishkin, Daniel Ponsa, Ethan Rublee, and Gary Bradski. Kornia: An open source differentiable computer vision library for PyTorch. In *WACV*, 2020.

[17] Atilim Gunes Baydin, Barak A. Pearlmutter, Alexey Andreyevich Radul, and Jeffrey Mark Siskind. Automatic differentiation in machine learning: A survey. *JMLR*, Vol. 18, No. 1, pp. 5595–5637, 2017.

[18] Alex Krizhevsky, Ilya Sutskever, and Geoffrey E. Hinton. ImageNet classification with deep convolutional neural networks. In *NeurIPS*, 2012.

[19] Rami Al-Rfou, Guillaume Alain, Amjad Almahairi, Christof Angermueller, Dzmitry Bahdanau, Nicolas Ballas, Frédéric Bastien, Justin Bayer, Anatoly Belikov, Alexander Belopolsky, et al. Theano: A Python framework for fast computation of mathematical expressions. *arXiv:1605.02688*, 2016.

[20] Seiya Tokui, Kenta Oono, Shohei Hido, and Justin Clayton. Chainer: A next-generation open source framework for deep learning. In *NeurIPS LearningSys Workshop*, 2015.

[21] Martín Abadi, Ashish Agarwal, Paul Barham, Eugene Brevdo, Zhifeng Chen, Craig Citro, Greg S. Corrado, Andy Davis, Jeffrey Dean, Matthieu Devin, et al. TensorFlow: Large-scale machine learning on heterogeneous distributed systems. *arXiv:1603.04467*, 2016.

[22] Adam Paszke, Sam Gross, Francisco Massa, Adam Lerer, James Bradbury, Gregory Chanan, Trevor Killeen, Zeming Lin, Natalia Gimelshein, Luca Antiga, et al. PyTorch: An imperative style, high-performance deep learning library. In *NeurIPS*, 2019.

[23] Tizian Zeltner, Sébastien Speierer, Iliyan Georgiev, and Wenzel Jakob. Monte Carlo estimators for differential light transport. *ACM Transactions on Graphics*, Vol. 40, No. 4, pp. 1–16, 2021.

[24] Guillaume Loubet, Nicolas Holzschuch, and Wenzel Jakob. Reparameterizing discontinuous integrands for differentiable rendering. *ACM Transactions on Graphics*, Vol. 38, No. 6, pp. 1–14, 2019.

[25] Deniz Beker, Hiroharu Kato, Mihai Adrian Morariu, Takahiro Ando, Toru Matsuoka, Wadim Kehl, and Adrien Gaidon. Monocular differentiable rendering for self-supervised 3D object detection. In *ECCV*, 2020.

[26] Leon A. Gatys, Alexander S. Ecker, and Matthias Bethge. Image style transfer using

convolutional neural networks. In *CVPR*, 2016.

[27] Hsueh-Ti Derek Liu, Michael Tao, Chun-Liang Li, Derek Nowrouzezahrai, and Alec Jacobson. Beyond pixel norm-balls: Parametric adversaries using an analytically differentiable renderer. In *ICLR*, 2019.

[28] Alexander Mordvintsev, Nicola Pezzotti, Ludwig Schubert, and Chris Olah. Differentiable image parameterizations. *Distill*, 2018.

[29] Ian J. Goodfellow, Jonathon Shlens, and Christian Szegedy. Explaining and harnessing adversarial examples. In *ICLR*, 2015.

[30] Chaowei Xiao, Dawei Yang, Bo Li, Jia Deng, and Mingyan Liu. MeshAdv: Adversarial meshes for visual recognition. In *CVPR*, 2019.

[31] Philipp Henzler, Niloy J. Mitra, and Tobias Ritschel. Escaping Plato's cave: 3D shape from adversarial rendering. In *CVPR*, 2019.

[32] Richard Zhang, Phillip Isola, Alexei A. Efros, Eli Shechtman, and Oliver Wang. The unreasonable effectiveness of deep features as a perceptual metric. In *CVPR*, 2018.

[33] Ajay Jain, Matthew Tancik, and Pieter Abbeel. Putting NeRF on a diet: Semantically consistent few-shot view synthesis. In *ICCV*, 2021.

[34] Abhishek Kar, Christian Häne, and Jitendra Malik. Learning a multi-view stereo machine. In *NeurIPS*, 2017.

[35] Yu Xiang, Roozbeh Mottaghi, and Silvio Savarese. Beyond PASCAL: A benchmark for 3D object detection in the wild. In *WACV*, 2014.

[36] Angel X. Chang, Thomas Funkhouser, Leonidas Guibas, Pat Hanrahan, Qixing Huang, Zimo Li, Silvio Savarese, Manolis Savva, Shuran Song, Hao Su, et al. ShapeNet: An information-rich 3D model repository. *arXiv:1512.03012*, 2015.

[37] Xinchen Yan, Jimei Yang, Ersin Yumer, Yijie Guo, and Honglak Lee. Perspective transformer nets: Learning single-view 3D object reconstruction without 3D supervision. In *NeurIPS*, 2016.

[38] Shubham Tulsiani, Tinghui Zhou, Alexei A. Efros, and Jitendra Malik. Multi-view supervision for single-view reconstruction via differentiable ray consistency. In *CVPR*, 2017.

[39] Shubham Tulsiani, Alexei A. Efros, and Jitendra Malik. Multi-view consistency as supervisory signal for learning shape and pose prediction. In *CVPR*, 2018.

[40] Philipp Henzler, Jeremy Reizenstein, Patrick Labatut, Roman Shapovalov, Tobias Ritschel, Andrea Vedaldi, and David Novotny. Unsupervised learning of 3D object categories from videos in the wild. In *CVPR*, 2021.

[41] Gengshan Yang, Deqing Sun, Varun Jampani, Daniel Vlasic, Forrester Cole, Huiwen Chang, Deva Ramanan, William T. Freeman, and Ce Liu. LASR: Learning articulated shape reconstruction from a monocular video. In *CVPR*, 2021.

[42] Lars Mescheder, Michael Oechsle, Michael Niemeyer, Sebastian Nowozin, and Andreas Geiger. Occupancy networks: Learning 3D reconstruction in function space. In *CVPR*, 2019.

[43] Alec Radford, Luke Metz, and Soumith Chintala. Unsupervised representation learning with deep convolutional generative adversarial networks. In *ICLR*, 2016.

[44] Christopher B. Choy, Danfei Xu, JunYoung Gwak, Kevin Chen, and Silvio Savarese. 3D-R2N2: A unified approach for single and multi-view 3D object reconstruction. In *ECCV*, 2016.

[45] Haoqiang Fan, Hao Su, and Leonidas J. Guibas. A point set generation network for 3D object reconstruction from a single image. In *CVPR*, 2017.

[46] Georgios Pavlakos, Luyang Zhu, Xiaowei Zhou, and Kostas Daniilidis. Learning to estimate 3D human pose and shape from a single color image. In *CVPR*, 2018.

[47] Matthew Loper, Naureen Mahmood, Javier Romero, Gerard Pons-Moll, and Michael J. Black. SMPL: A skinned multi-person linear model. *ACM Transactions on Graphics*, Vol. 34, No. 6, pp. 1–16, 2015.

[48] Javier Romero, Dimitrios Tzionas, and Michael J. Black. Embodied hands: Modeling and capturing hands and bodies together. *ACM Transactions on Graphics*, Vol. 36, No. 6, pp. 1–17, 2017.

[49] Seungryul Baek, Kwang In Kim, and Tae-Kyun Kim. Pushing the envelope for RGB-based dense 3D hand pose estimation via neural rendering. In *CVPR*, 2019.

[50] Angjoo Kanazawa, Shubham Tulsiani, Alexei A. Efros, and Jitendra Malik. Learning category-specific mesh reconstruction from image collections. In *ECCV*, 2018.

[51] Nanyang Wang, Yinda Zhang, Zhuwen Li, Yanwei Fu, Wei Liu, and Yu-Gang Jiang. Pixel2Mesh: Generating 3D mesh models from single RGB images. In *ECCV*, 2018.

[52] Yiheng Xie, Towaki Takikawa, Shunsuke Saito, Or Litany, Shiqin Yan, Numair Khan, Federico Tombari, James Tompkin, Vincent Sitzmann, and Srinath Sridhar. Neural fields in visual computing and beyond. *arXiv:2111.11426*, 2021.

[53] Zhiqin Chen and Hao Zhang. Learning implicit fields for generative shape modeling. In *CVPR*, 2019.

[54] Jeong Joon Park, Peter Florence, Julian Straub, Richard Newcombe, and Steven Lovegrove. DeepSDF: Learning continuous signed distance functions for shape representation. In *CVPR*, 2019.

[55] Gidi Littwin and Lior Wolf. Deep meta functionals for shape representation. In *ICCV*, 2019.

[56] Shichen Liu, Shunsuke Saito, Weikai Chen, and Hao Li. Learning to infer implicit surfaces without 3D supervision. In *NeurIPS*, 2019.

[57] Michael Niemeyer, Lars Mescheder, Michael Oechsle, and Andreas Geiger. Differentiable volumetric rendering: Learning implicit 3D representations without 3D supervision. In *CVPR*, 2020.

[58] Johannes L. Schonberger and Jan-Michael Frahm. Structure-from-motion revisited. In *CVPR*, 2016.

[59] Peng Wang, Lingjie Liu, Yuan Liu, Christian Theobalt, Taku Komura, and Wenping Wang. NeuS: Learning neural implicit surfaces by volume rendering for multi-view reconstruction. In *NeurIPS*, 2021.

[60] Lior Yariv, Jiatao Gu, Yoni Kasten, and Yaron Lipman. Volume rendering of neural implicit surfaces. In *NeurIPS*, 2021.

[61] Zhengqi Li, Simon Niklaus, Noah Snavely, and Oliver Wang. Neural scene flow fields

for space-time view synthesis of dynamic scenes. In *CVPR*, 2021.

[62] Wenqi Xian, Jia-Bin Huang, Johannes Kopf, and Changil Kim. Space-time neural irradiance fields for free-viewpoint video. In *CVPR*, 2021.

[63] Yilun Du, Yinan Zhang, Hong-Xing Yu, Joshua B. Tenenbaum, and Jiajun Wu. Neural radiance flow for 4D view synthesis and video processing. In *ICCV*, 2021.

[64] Keunhong Park, Utkarsh Sinha, Jonathan T. Barron, Sofien Bouaziz, Dan B. Goldman, Steven M. Seitz, and Ricardo Martin-Brualla. Nerfies: Deformable neural radiance fields. In *ICCV*, 2021.

[65] Edgar Tretschk, Ayush Tewari, Vladislav Golyanik, Michael Zollhöfer, Christoph Lassner, and Christian Theobalt. Non-rigid neural radiance fields: Reconstruction and novel view synthesis of a dynamic scene from monocular video. In *ICCV*, 2021.

[66] Albert Pumarola, Enric Corona, Gerard Pons-Moll, and Francesc Moreno-Noguer. D-NeRF: Neural radiance fields for dynamic scenes. In *CVPR*, 2021.

[67] Ricardo Martin-Brualla, Noha Radwan, Mehdi S. M. Sajjadi, Jonathan T. Barron, Alexey Dosovitskiy, and Daniel Duckworth. NeRF in the wild: Neural radiance fields for unconstrained photo collections. In *CVPR*, 2021.

[68] Jonathan T. Barron, Ben Mildenhall, Dor Verbin, Pratul P. Srinivasan, and Peter Hedman. Mip-NeRF 360: Unbounded anti-aliased neural radiance fields. In *CVPR*, 2022.

[69] Konstantinos Rematas, Andrew Liu, Pratul P. Srinivasan, Jonathan T. Barron, Andrea Tagliasacchi, Thomas Funkhouser, and Vittorio Ferrari. Urban radiance fields. In *CVPR*, 2021.

[70] Matthew Tancik, Vincent Casser, Xinchen Yan, Sabeek Pradhan, Ben Mildenhall, Pratul P. Srinivasan, Jonathan T. Barron, and Henrik Kretzschmar. Block-NeRF: Scalable large scene neural view synthesis. In *CVPR*, 2022.

[71] Lin Yen-Chen, Pete Florence, Jonathan T. Barron, Alberto Rodriguez, Phillip Isola, and Tsung-Yi Lin. iNeRF: Inverting neural radiance fields for pose estimation. In *IROS*, 2021.

[72] Chen-Hsuan Lin, Wei-Chiu Ma, Antonio Torralba, and Simon Lucey. BARF: Bundle-adjusting neural radiance fields. In *ICCV*, 2021.

[73] Alex Yu, Vickie Ye, Matthew Tancik, and Angjoo Kanazawa. pixelNeRF: Neural radiance fields from one or few images. In *CVPR*, 2021.

[74] Lingjie Liu, Jiatao Gu, Kyaw Zaw Lin, Tat-Seng Chua, and Christian Theobalt. Neural sparse voxel fields. In *NeurIPS*, 2020.

[75] Christian Reiser, Songyou Peng, Yiyi Liao, and Andreas Geiger. KiloNeRF: Speeding up neural radiance fields with thousands of tiny MLPs. In *ICCV*, 2021.

[76] Thomas Müller, Alex Evans, Christoph Schied, and Alexander Keller. Instant neural graphics primitives with a multiresolution hash encoding. *arXiv:2201.05989*, 2022.

[77] Kai Zhang, Gernot Riegler, Noah Snavely, and Vladlen Koltun. NeRF++: Analyzing and improving neural radiance fields. *arXiv:2010.07492*, 2020.

[78] Michael Oechsle, Songyou Peng, and Andreas Geiger. UNISURF: Unifying neural implicit surfaces and radiance fields for multi-view reconstruction. In *ICCV*, 2021.

[79] Qianqian Wang, Zhicheng Wang, Kyle Genova, Pratul P. Srinivasan, Howard Zhou, Jonathan T. Barron, Ricardo Martin-Brualla, Noah Snavely, and Thomas Funkhouser. IBRNet: Learning multi-view image-based rendering. In *CVPR*, 2021.

[80] Anpei Chen, Zexiang Xu, Fuqiang Zhao, Xiaoshuai Zhang, Fanbo Xiang, Jingyi Yu, and Hao Su. MVSNeRF: Fast generalizable radiance field reconstruction from multi-view stereo. In *ICCV*, 2021.

[81] Shichen Liu, Tianye Li, Weikai Chen, and Hao Li. Soft rasterizer: A differentiable renderer for image-based 3D reasoning. In *ICCV*, 2019.

[82] Samuli Laine, Janne Hellsten, Tero Karras, Yeongho Seol, Jaakko Lehtinen, and Timo Aila. Modular primitives for high-performance differentiable rendering. *ACM Transactions on Graphics*, Vol. 39, No. 6, pp. 1–14, 2020.

[83] Wenzheng Chen, Huan Ling, Jun Gao, Edward Smith, Jaakko Lehtinen, Alec Jacobson, and Sanja Fidler. Learning to predict 3D objects with an interpolation-based differentiable renderer. In *NeurIPS*, 2019.

[84] Shuang Zhao, Wenzel Jakob, and Tzu-Mao Li. Physics-based differentiable rendering: From theory to implementation. In *SIGGRAPH Courses*, 2020.

[85] Cheng Zhang, Lifan Wu, Changxi Zheng, Ioannis Gkioulekas, Ravi Ramamoorthi, and Shuang Zhao. A differential theory of radiative transfer. *ACM Transactions on Graphics*, Vol. 38, No. 6, pp. 1–16, 2019.

[86] Merlin Nimier-David, Delio Vicini, Tizian Zeltner, and Wenzel Jakob. Mitsuba 2: A retargetable forward and inverse renderer. *ACM Transactions on Graphics*, Vol. 38, No. 6, pp. 1–17, 2019.

[87] Merlin Nimier-David, Sébastien Speierer, Benoît Ruiz, and Wenzel Jakob. Radiative backpropagation: An adjoint method for lightning-fast differentiable rendering. *ACM Transactions on Graphics*, Vol. 39, No. 4, pp. 1–15, 2020.

[88] Delio Vicini, Sébastien Speierer, and Wenzel Jakob. Path replay backpropagation: Differentiating light paths using constant memory and linear time. *ACM Transactions on Graphics*, Vol. 40, No. 4, pp. 1–14, 2021.

[89] Cheng Zhang, Zhao Dong, Michael Doggett, and Shuang Zhao. Antithetic sampling for Monte Carlo differentiable rendering. *ACM Transactions on Graphics*, Vol. 40, No. 4, pp. 1–12, 2021.

[90] Sai Praveen Bangaru, Tzu-Mao Li, and Frédo Durand. Unbiased warped-area sampling for differentiable rendering. *ACM Transactions on Graphics*, Vol. 39, No. 6, pp. 1–18, 2020.

[91] Yang Zhou, Lifan Wu, Ravi Ramamoorthi, and Ling-Qi Yan. Vectorization for fast, analytic, and differentiable visibility. *ACM Transactions on Graphics*, Vol. 40, No. 3, pp. 1–21, 2021.

[92] Cheng Zhang, Zihan Yu, and Shuang Zhao. Path-space differentiable rendering of participating media. *ACM Transactions on Graphics*, Vol. 40, No. 4, pp. 1–15, 2021.

[93] Lior Yariv, Yoni Kasten, Dror Moran, Meirav Galun, Matan Atzmon, Basri Ronen, and Yaron Lipman. Multiview neural surface reconstruction by disentangling geometry and appearance. In *NeurIPS*, 2020.

[94] Wenzel Jakob. Mitsuba renderer, 2010. http://www.mitsuba-renderer.org.

[95] Jiatao Gu, Lingjie Liu, Peng Wang, and Christian Theobalt. StyleNeRF: A style-based 3D-aware generator for high-resolution image synthesis. In *ICLR*, 2021.

[96] Gregory R. Carmichael, Adrian Sandu, et al. Sensitivity analysis for atmospheric chemistry models via automatic differentiation. *Atmospheric Environment*, Vol. 31, No. 3, pp. 475–489, 1997.

[97] Katherine L. Bouman, Michael D. Johnson, Daniel Zoran, Vincent L. Fish, Shep-erd S. Doeleman, and William T. Freeman. Computational imaging for VLBI image reconstruction. In *CVPR*, 2016.

かとう ひろはる（Preferred Networks, Inc.）

# えーあい＊けんきゅうしつ

## レッドオーシャン

## ブルーオーシャン

@bravery_ 作／松井勇佑 編

（マンガ寄稿者募集中！　寄稿をご希望の方は東京大学松井勇佑〈matsui@hal.t.u-tokyo.ac.jp〉までご一報ください）

# CV イベントカレンダー

| 名　称 | 開催地 | 開催日程 | 投稿期限 |
|---|---|---|---|
| 『コンピュータビジョン最前線　Autumn 2022』9/10 発売 | | | |
| 3DV 2022（International Conference on 3D Vision）国際<br>3dconf.github.io/2022/ | Prague, Czehia<br>＋Online | 2022/9/12〜9/15 | 2022/6/2 |
| FIT2022（情報科学技術フォーラム）国内<br>www.ipsj.or.jp/event/fit/fit2022/index.html | 慶應義塾大学矢上キャンパス<br>＋オンライン | 2022/9/13〜9/15 | 2022/6/24 |
| 電子情報通信学会 PRMU 研究会［9 月度］<br>国内<br>ken.ieice.org/ken/program/index.php?tgid=IEICE-PRMU | 慶應義塾大学矢上キャンパス<br>＋オンライン | 2022/9/14〜9/15 | 2022/7/20 |
| Interspeech 2022（Interspeech Conference）<br>国際<br>interspeech2022.org | Incheon, Korea | 2022/9/18〜9/22 | 2022/3/21 |
| ACM MM 2022（ACM International Conference on Multimedia）国際<br>2022.acmmm.org | Lisbon, Portugal | 2022/10/10〜10/14 | 2022/4/11 |
| ICIP 2022（IEEE International Conference in Image Processing）国際<br>2022.ieeeicip.org | Bordeaux, France<br>＋Online | 2022/10/16〜10/19 | 2022/2/25 |
| ISMAR 2022（IEEE International Symposium on Mixed and Augmented Reality）<br>国際<br>ismar2022.org | Singapore<br>＋Online | 2022/10/17〜10/21 | 2022/6/3 |
| 電子情報通信学会 PRMU 研究会［10 月度］<br>国内<br>ken.ieice.org/ken/program/index.php?tgid=IEICE-PRMU | 日本科学未来館<br>＋オンライン | 2022/10/21〜10/22 | 2022/8/26 |
| IROS 2022（IEEE/RSJ International Conference on Intelligent Robots and Systems）<br>国際<br>iros2022.org | Kyoto, Japan<br>＋Online | 2022/10/23〜10/27 | 2022/3/1 |
| ECCV 2022（European Conference on Computer Vision）国際<br>eccv2022.ecva.net | Tel-Aviv, Israel | 2022/10/23〜10/27 | 2022/3/7 |
| UIST 2022（ACM Symposium on User Interface Software and Technology）国際<br>uist.acm.org/uist2022/ | Bend, Oregon, USA | 2022/10/29〜11/2 | 2022/4/7 |
| 情報処理学会 CVIM 研究会［情報処理学会 CGVI/DCC 研究会と共催、11 月度］国内<br>cvim.ipsj.or.jp | 未定 | 2022/11 上旬 | 未定 |
| IBIS2022（情報論的学習理論ワークショップ）<br>国内<br>ibisml.org/ibis2022/ | つくば国際会議場<br>＋オンライン | 2022/11/20〜11/23 | 未定 |
| NeurIPS 2022（Conference on Neural Information Processing Systems）国際<br>nips.cc | New Orleans, LA, USA<br>＋Online | 2022/11/28〜12/9 | 2022/5/19 |

| 名　称 | 開催地 | 開催日程 | 投稿期限 |
|---|---|---|---|
| ACCV 2022（Asian Conference on Computer Vision）国際<br>accv2022.org/en/ | Macau SAR, China | 2022/12/4〜12/8 | 2022/7/6 |
| ViEW2022（ビジョン技術の実利用ワークショップ）国内<br>view.tc-iaip.org/view/2022/ | オンライン | 2022/12/8〜12/9 | 2022/10/28 |
| 『コンピュータビジョン最前線　Winter 2022』12/10 発売 | | | |
| ACM MM Asia 2022（ACM Multimedia Asia）国際<br>www.mmasia2022.org | Tokyo, Japan<br>+Online | 2022/12/13〜12/16 | 2022/8/8 |
| CoRL 2022（Conference on Robot Learning）国際<br>corl2022.org | Auckland, New Zealand | 2022/12/14〜12/18 | 2022/6/15 |
| 電子情報通信学会 PRMU 研究会［12 月度］国内<br>ken.ieice.org/ken/program/index.php?tgid=IEICE-PRMU | 富山国際会議場<br>+オンライン | 2022/12/15〜12/16 | 2022/10/20 |
| 情報処理学会 CVIM 研究会［電子情報通信学会 MVE 研究会/VR 学会 SIG–MR 研究会と共催，1 月度］国内<br>cvim.ipsj.or.jp | 未定 | 2023/1 の範囲で未定 | 未定 |
| AAAI-23（AAAI Conference on Artificial Intelligence）国際<br>aaai.org/Conferences/AAAI-23/ | Washington, DC, USA | 2023/2/7〜2/14 | 2022/8/15 |
| 情報処理学会 CVIM 研究会［電子情報通信学会 PRMU 研究会/IBISML 研究会と共催，連催，3 月度］国内<br>cvim.ipsj.or.jp<br>ken.ieice.org/ken/program/index.php?tgid=IEICE-PRMU | 公立はこだて未来大学<br>+オンライン | 2023/3/2〜3/3 | 2023/1/5 |
| DIA2023（動的画像処理実利用化ワークショップ）国内<br>www.tc-iaip.org/dia/2023/ | ライトキューブ宇都宮 | 2023/3/2〜3/3 | 2023/1/20 |
| 情報処理学会第 85 回全国大会 国内<br>www.ipsj.or.jp/event/taikai/85/index.html | 電気通信大学 | 2023/3/2〜3/4 | 未定 |
| 電子情報通信学会 2023 年総合大会 国内 | 芝浦工業大学 | 2023/3/7〜3/10 | 未定 |
| 『コンピュータビジョン最前線　Spring 2023』3/10 発売 | | | |
| RSS 2023（Conference on Robotics: Science and Systems）国際 | Orland, FL, USA | 2023/3/23〜3/25 | T. B. D. |
| CHI 2023（ACM CHI Conference on Human Factors in Computing Systems）国際<br>chi2023.acm.org/ | Hamburg, Germany<br>+Online | 2023/4/23〜4/28 | 2022/9/15 |
| ICLR 2023（International Conference on Learning Representations）国際<br>iclr.cc/Conferences/2023/ | Kigali, Rwanda | 2023/5/1〜5/5 | 2022/9/28 |
| WWW 2023（ACM Web Conference）国際<br>www2023.thewebconf.org | Austin, Texas, USA | 2023/5/1〜5/5 | 2022/10/13 |

| 名　称 | 開催地 | 開催日程 | 投稿期限 |
|---|---|---|---|
| ICRA 2023（IEEE International Conference on Robotics and Automation）国際<br>www.icra2023.org | London, UK | 2023/5/29〜6/2 | 2022/9/15 |
| 情報処理学会 CVIM 研究会/電子情報通信学会 PRMU 研究会［連催，5 月度］国内<br>cvim.ipsj.or.jp<br>ken.ieice.org/ken/program/index.php?tgid=IEICE-PRMU | 未定 | 2023/5 の範囲で未定 | 未定 |
| ICASSP 2023（IEEE International Conference on Acoustics, Speech, and Signal Processing）国際<br>2023.ieeeicassp.org | Rhodes Island, Greece | 2023/6/4〜6/9 | 2022/10/19 |
| JSAI2023（人工知能学会全国大会）国内 | 熊本城ホール | 2023/6/6〜6/9 | 未定 |
| 『コンピュータビジョン最前線　Summer 2023』6/10 発売 | | | |
| ICME 2023（IEEE International Conference on Multimedia and Expo）国際 | Brisbane, Australia | 2023/6/10〜6/14 | 2022/12/11 |
| ICMR 2023（ACM International Conference on Multimedia Retrieval）国際<br>icmr2023.org | Thessaloniki, Greece | 2023/6/12〜6/15 | 2023/1/15 |
| SSII2023（画像センシングシンポジウム）国内 | 未定 | 2023/6/14〜6/16 | 未定 |
| CVPR 2023（IEEE/CVF International Conference on Computer Vision and Pattern Recognition）国際<br>cvpr2023.thecvf.com | Vancouver, Canada | 2023/6/18〜6/22 | 2022/11/11 |
| ICML 2023（International Conference on Machine Learning）国際 | Seoul, South Korea | 2023/7/24〜7/30 | T. B. D. |
| MIRU2023（画像の認識・理解シンポジウム）国内<br>cvim.ipsj.or.jp/MIRU2023/ | アクトシティ浜松 | 2023/7/25〜7/28 | 未定 |
| IJCAI-23（International Joint Conference on Artificial Intelligence）国際 | Cape Town, South Africa | 2023/8/19〜8/25 | T. B. D. |
| AISTATS 2023（International Conference on Artificial Intelligence and Statistics）国際<br>aistats.org/aistats2023/ | USA<br>+Online | T. B. D. | 2022/10/13 |
| SCI' 23（システム制御情報学会研究発表講演会）国内 | 未定 | 未定 | 未定 |
| ACL 2023（Annual Meeting of the Association for Computational Linguistics）国際 | T. B. D. | T. B. D. | T. B. D. |
| NAACL 2023（Annual Conference of the North American Chapter of the Association for Computational Linguistics）国際 | T. B. D. | T. B. D. | T. B. D. |
| ICCP 2023（International Conference on Computational Photography）国際 | T. B. D. | T. B. D. | T. B. D. |
| SIGGRAPH 2023（Premier Conference and Exhibition on Computer Graphics and Interactive Techniques）国際 | T. B. D. | T. B. D. | T. B. D. |

| 名　称 | 開催地 | 開催日程 | 投稿期限 |
|---|---|---|---|
| KDD 2023（ACM SIGKDD Conference on Knowledge Discovery and Data Mining） 国際 | T. B. D. | T. B. D. | T. B. D. |
| ICPR 2023（International Conference on Pattern Recognition） 国際 | T. B. D. | T. B. D. | T. B. D. |
| SICE 2023（SICE Annual Conference） 国際 | T. B. D. | T. B. D. | T. B. D. |

2022 年 8 月 8 日現在の情報を記載しています。最新情報は掲載 URL よりご確認ください。また，投稿期限はすべて原稿の提出締切日です。多くの場合，概要や主題の締切は投稿期限の 1 週間程度前に設定されていますのでご注意ください。

Google カレンダーでも本カレンダーの共有を開始しました。ぜひご利用ください。

tinyurl.com/bs98m7nb

## 編集後記

第4刊となるAutumn 2022においても，最前線の研究者や技術者からの玉稿のおかげで，魅力的な記事がそろったのではないかと思います。イマドキとニュウモンは奇しくも3次元を中心とした複雑な世界を表現するための重要なトピックを同時に扱うことになりましたし，フカヨミもそれぞれ画像認識を中心とした耳よりの情報がぎっしり詰まっています。

私の手前味噌な話で恐縮ではあるのですが，最近JSTムーンショット型研究開発事業に研究プロジェクトを提案し，PMとして採択いただきました。この中では研究や開発をサポートしてくれるAIロボットを創り，2050年には研究者と一緒にノーベル賞級の研究成果を出せるくらい賢くするぞ！という目標を掲げています。その前段として，こうした論文や特許などの情報が日々大量に出てくる中で，それぞれの新規性・実用性などを理解したり，内容をまとめたりという形で，人間の研究や開発を，AIロボットが理解できるようにしたいと考えています。これができると，中身を知りたい技術文書をそれぞれのユーザに合わせてAIロボットがいい感じにまとめてくれるようになるということで，とても便利そう……と自分自身思いながらプロジェクトを始めています。

とは言いながら，そうしたAIはまだ未来の存在です。最前線の研究者や技術者の第三者視点でお届けする『コンピュータビジョン最前線』が，これからもどんどんお役に立てればと思いますので，引き続きよろしくお願いいたします。Web上でもこうしたキュレーション・メディアが増えており，有償／無償で最先端の技術情報を発信しています。私自身もそうしたものを利用させていただいていますが，発信者・記事執筆者がどういう人物かという情報がそのまま記事の信頼性につながると思います。「コンピュータビジョン最前線」およびその執筆者陣が，読者の皆さまに信頼される存在であり続けられるよう，微力ながらお手伝いを続けていきたいと思います。

牛久祥孝（オムロンサイニックエックス株式会社／株式会社Ridge-i）

**次刊予告**（Winter 2022／2022年12月刊行予定）
巻頭言（井尻善久）／イマドキノ Adversarial Training（足立浩規）／フカヨミ 点群解析（藤原研人）／フカヨミ 数式ドリブン点群事前学習（山田亮佑）／フカヨミ 3次元物体姿勢推定（岩瀬駿）／ニュウモン 点群深層学習（千葉直也）／みかんちゃんの日常（丘らふる）

### コンピュータビジョン最前線　Autumn 2022

2022年9月10日　初版1刷発行

| | |
|---|---|
| 編　　者 | 井尻善久・牛久祥孝・片岡裕雄・藤吉弘亘 |
| 発 行 者 | 南條光章 |
| 発 行 所 | **共立出版株式会社** |

〒112-0006　東京都文京区小日向4-6-19　電話　03-3947-2511（代表）
振替口座　00110-2-57035
www.kyoritsu-pub.co.jp

| | |
|---|---|
| 本文制作 | ㈱グラベルロード |
| 印　　刷 | 大日本法令印刷 |
| 製　　本 | |

検印廃止
NDC 007.13
ISBN 978-4-320-12545-2

一般社団法人
自然科学書協会
会員

Printed in Japan